KB074104

생명합성에의 길

전파과학사는 독자 여러분의 책에 관한 아이디어와 원고 투고를 기다리고 있습니다. 디아스포라는 전파과학사의 임프린트로 종교(기독교), 경제·경영서, 일반 문학 등 다양한 장르의 국내 저자와 해외 번역서를 준비하고 있습니다. 출간을 고민하고 계신 분들은 이메일 chonpa2@hanmail.net로 간단한 개요와 취지, 연락처 등을 적어 보내주세요.

생명합성에의 길
라이프 사이언스의 오늘과 내일

–

초판 1쇄 1980년 01월 30일
개정 1쇄 2024년 09월 10일

–

지은이 나가쿠라 이사오
옮긴이 박택규
발행인 손동민
디자인 이지혜

–

펴낸곳 전파과학사
출판등록 1956. 7. 23. 제 10-89호
주　　소 서울시 서대문구 증가로18, 204호
전　　화 02-333-8877(8855)
팩　　스 02-334-8092
이메일 chonpa2@hanmail.net
공식 블로그 http://blog.naver.com/siencia

ISBN　978-89-7044-675-2 (03470)

생명합성에의 길

라이프 사이언스의 오늘과 내일

나가쿠라 이사오 지음 | 박택규 옮김

전파과학사

'생명과학'을 눈여겨보자

경위

오래전에 생명현상을 분자 수준에서 알아보려는 연구자 여섯 명이 모여 '생물 기능 합성 연구회'라는 작은 모임을 가졌다. 그 목적은 생물이 가진 여러 가지 뛰어난 기능을 사람이 만들려면 어떻게 하면 되는지 작용을 연구하기 위해서였다. 매달 한 번 갖는 모임에는 각 분야의 전문가들도 적절히 참여해 매번 3, 4시간씩 활발하게, 또 공상의 날개도 펼쳐 아주 즐거웠다. 원래는 생물이 갖는 단위적인 기능을 하나하나 생각해 봤는데, 당연히 화제는 생명 자체의 합성 문제에도 미쳤다. 즉 오늘날 우리가 가진 기술로 어디까지 가능한가도 검토됐다.

처음에는 그럴 생각이 아니었지만, 1년 반 정도 진행된 회합이 끝나고 나니 거기서 논의된 여러 가지 문제를 어떤 형태로든지 일반 사람에게도 알리고 싶다는 생각이 들었다. 다행히도 당초부터 이 계획에 참가했고, 이 회합의 사무를 맡아준 아사히신문사 과학부의 나가구라 씨가 자세한 기록을 해놓았으므로 우리 학자 그룹이 억지로 간청해 나가구라 씨가 독자적으로 취재한 지식도 덧붙여 알기 쉽게 해설한 것이 이 책이다.

이 책의 목적

이 책에는 크게 세 가지 목적이 있다. 첫째는 생명활동의 교묘한 메커니즘을 밝히려는 것이다. 이에 대한 해설서는 많지만 모두 일반인이 쉽게 이해할 수 있는 건 아니다. 그래서 여기서는 생명을 만든다는 하나의 목적을 쉽게 설명했다.

둘째는 생명합성이 가능한가 생각해 보는 것이며, 이것이 이 책의 표면적인 목적이다. 이에 대해서는 기술적인 면에서 그 위험성까지도 언급했다.

셋째는 학자 그룹의 까다로운 이론을 젊은 저널리스트가 정리해 알기 쉽게 쓰는 실험을 했다. 과학이 생활에 밀착한 선진국의 예를 보면, 과학의 대중화가 무리 없이 진행되고, 거기에서 과학 저널리스트의 두꺼운 층이 중요한 역할을 하는 것을 볼 수 있다. 우리처럼 대학에 있는 사람들에게는 연구의 제일선에 있는 문제를 알기 쉽게 해설하는 일이 결코 쉬운 일이 아니다. 과학이 그리는 훌륭한 세계상(世界像), 생명상(生命像)을 세상에 널리 알리고 싶어도 잘 되지 않는다. 그래서 시민과 학자 간의 파이프를 통하는 실험을 한 것이다.

생명과학의 현상

우주란 무엇인가? 물질이란 무엇인가? 아울러 생명이란 무엇인가를 밝히는 것이 자연과학의 큰 목표다. 동물학, 식물학의 전통 있는 연구에 덧붙여, 최근에는 물리학, 화학 및 분자 수준에서 연구가 급속히 발전됐다. 많은 유능한 학생이 생물물리학이나 분자생물학을 지향하고, 이제는 생물학이나 물리학의 테두리를 넘어 생물을 기계론 입장에서 이해하려는 방향이 전 세계적으로 확립됐다. 겨우 몇십 년 전까지만 해도 신비주의적 면도 들어 있었으나 차례차례, 그리고 완전히 해석 과정을 밟아 밝혀진 사실 앞에는 아침 해에 비친 서리처럼 모두 사라졌다.

이렇게 생물학은 수 세기에 걸쳐 위대한 업적을 쌓아 올려 생물을 분자 수준까지 해부하고 이해했다. 부품이 알려져야 기계를 이해할 수 있다. 그리고 다음에는 거기서 밝혀진 분자 부품으로 생물의 기능을 조립하고, 나아가 생명합성으로 향하려 하고 있다. 우리는 지금 이러한 의미에서 생물학의 하나의 전환점에 서 있다는 것을 인식해야 한다.

생명합성은 불손한 시도인가?

생명을 신비한 것, 신성한 것으로 가만히 두고 싶은 마음은 누구나 가지고 있다. 한편 우리는 자연과학이 생명에 관해 밝힌 사실들이 인류의 행복에 공헌했음을 알고 있다. 또 최근에 와서 과학 발전이 원천이 된 불행한 사건이 일어나기 시작했고, 이런 경향이 더욱 증가하고 있다. 그렇게 불손(不遜)이라고 불릴 만한 사실이 있다면 그것은 과학자의 경솔한 태도이고 독선이며 널리 공표하려 하지 않는 태만이다. 생명을 연구해 생명을 만드는 데까지 우리의 과학을 높이려 하는 것 자체가 불손한 일인지 어떤지 밝혀지려면 오히려 앞으로 진행될 연구를 기다려야 한다. 그리고 그 과정은 전 인류가 잘 지켜봐 주길 바랄 뿐이다.

끝으로 이 책을 정리하는데 크게 노고를 다한 나가구라 씨가 과학 저널 리스트로 발전할 것을 기대하고 싶다. 또 여러 가지 폐를 끼친 아사히신문사에 학자 그룹의 대표로서 사의를 표한다.

和田昭允

| 차례 |

제10장 생명합성의 효용

제11장 위험성을 생각한다

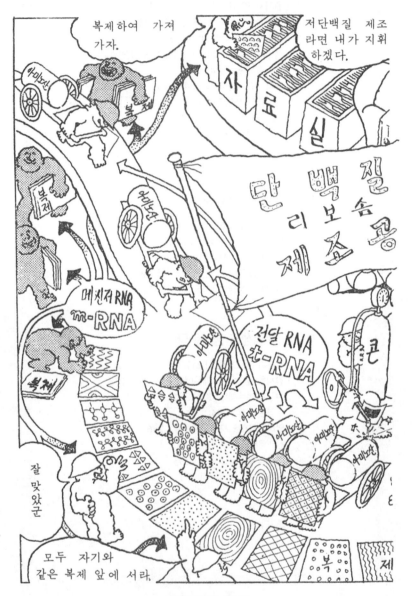

세포주식회사 참조도

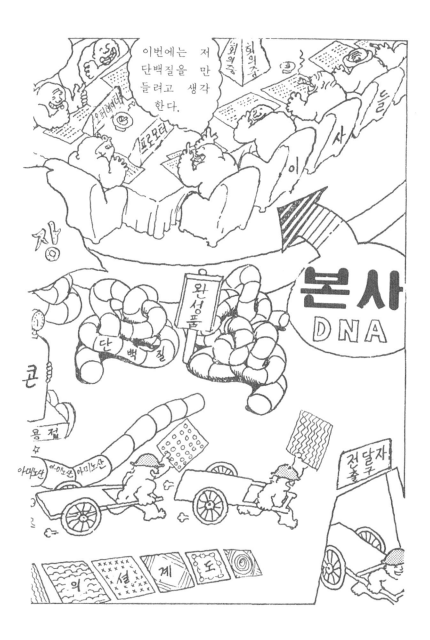

제1장

생명이란 무엇인가?

인공생명의 가능성

유명한 과학 공상 소설(SF)에 프랑켄슈타인이 인공 합성한 괴물 인간이 나온다.

이런 괴물 인간 같은 '고등생물'은 아직 합성하지는 못하지만, 미생물의 인공 합성이라면 꿈도 SF도 아닌 시대에 접어들었다. 정의하는 것을 따르겠지만 '바이러스의 유전자를 시험관 속에서 자기 증식시킨다'는 것을 생명의 인공 합성이라고 부른다면, 벌써 생명의 인공 합성은 달성됐다. 달성됐다고 해도 바이러스는 보통 '반' 생명이라고 하며, 또 합성 방법에서 생명으로부터 '빌린 것'을 사용한다면 완전한 생명합성이라고 말할 수 없을지도 모른다. 그러나 매우 엄밀한 의미에서의 '완전'한 '생명'을 순수하게 '인공'으로 합성한다는 트집 잡을 수 없는 생명합성에 대해서도 이제 어떤 순서로 하는지 진지하게 검토해도 될 시기가 왔다.

생명합성 기술에는 여러 가지 부산물도 예상되며, 그 부산물이 엉뚱한 '공해'를 뿌릴 가능성도 있으므로 검토하는 일이 너무 늦은 감이 들 정도다.

아무튼 이 책에서는 이 '생명'을 어떻게 하면 '만들 수' 있는가, 그러려면 어떤 장애가 아직 남았는가를 순서에 따라 알아보려 한다. 그러면 '생명'이란 어떤 것인가, '만든다'는 것은 무엇을 가리키는가를 일단 이해해야 한다. 그러므로 이 장은 생명이란 무엇인 가를 대략 알고 있는 사람은 뛰어넘어도 된다.

생명의 세 조건

'생명'을 '합성'하는 이야기를 하려면, 먼저 '생명'을 제대로 정의해 둘 필요가 있다. 이 낱말의 뜻이 흔들리면 무엇을 '합성'하는지 모르게 될 수도 있다. 그렇더라도 학자들이 연구할 때처럼 까다롭게 정의하려는 것은 아니다. '이거야말로 생명'이라는 몇 가지 조건만 생각하겠다. '생명'의 정의로서 세 가지 조건을 생각해 볼 수 있다.

첫째로 자기와 똑같은 것을 만들고 증식하는 것—이것은 누구나 생각할 것이다. 즉 자기 증식(自己增殖)이다. 세균은 분열하고, 효모는 가지가 나눠져 분신(分身)을 만들고, 고등동물은 새끼를 낳아 무리를 불린다. 이것은 문제가 없다.

그러면 거꾸로 말해 '자기와 똑같은 새끼를 만든다'는 것은 모두 생물인가 하면 그렇지는 않다.

예를 들어 로봇을 생각해 보자. 장차 로봇이 작업하는 공장에서 로봇이 생산될지도 모른다. 원료나 에너지원의 확보, 조립에서 품질관리까지 전부 기계화돼 그 공장에는 한 사람의 인간도 없이 로봇만으로 운영된다고 하자. 생산되는 로봇도 작업하는 로봇과 똑같다고 해도 되는 닮은 로봇들이다. 이때 이 로봇들은 '자기와 같은 것'을 만들 수 있으니 생명이 있는 것, 즉 생물일까.

아무래도 그렇다고 말할 수 없을 것 같다(정의에 따라서는 로봇이 생물이라 해도 잘못은 아니다. 다만 대부분의 사람들이 로봇을 생물이라고 생각하지 않

그림 1-1 | 이것은 생물인가?

는 '다수결'에 따를 뿐이다).

그럼 생물과 자기 증식 로봇의 차이는 어디에 있을까.

가장 정밀한 기계

여기서 두 번째 정의의 항목이 나온다. 알다시피 적어도 생물은 '분자'가 그대로 부품이 된다. 분자는 '원자의 연결'이다. 원자는 수소나 산소, 탄소처럼 아주아주 작은 입자인데 이것이 결합해 하나의 연결된 부

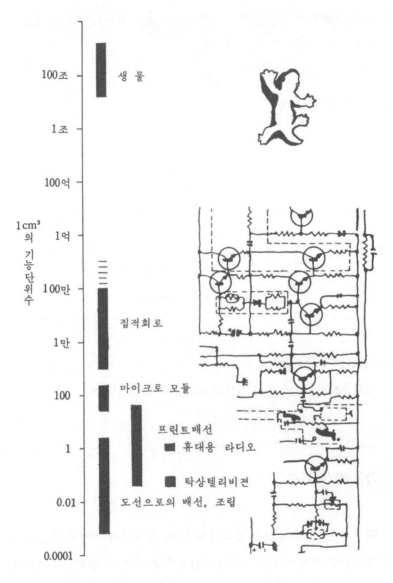

그림 1-2 | 가장 콤팩트한 기계는 생물이다(東大和田 교수의 그림에서)

품(분자)이 생명을 조립한다. 즉 분자가 '기본 부품'이다. 물론 분자도 작은 것에서부터 상당히 큰 것까지 있는데, 아무튼 '분자가 부품'이라는 사실이 우리가 아는 생명의 큰 특징이라고 할 수 있을 것이다.

이 항목은 그다지 귀에 익은 정의가 아닐지도 모르지만 중요하다. 왜냐하면 이것이야말로 생물이 대단히 정밀하고 교묘한 구조로 콤팩트하게 구성되는 이유이기 때문이다.

예를 들면 $1cm^3$에 같은 작용을 하는 것이 얼마나 들어 있는가 비교해 보면(〈그림 1-2〉 참조) 생물은 우리가 가진 어떤 기계보다도 뛰어나게 효율이 좋도록 부품이 가득 차 있음을 알게 된다. 상당히 정밀하다고 알고 있는 휴대용 라디오의 무려 100조 배 정도로 '속이 차 있다.'

부품으로 따지면 분자보다 작은 것은 우선 생각나지 않는다. 그러므로 앞으로도 '생명보다 정밀한 기계는 있을 수 없다'라고 해도 된다. '부품이 분자'라는 특징의 중요성은 수긍이 간다. 생명의 합성이 로봇 제조와는 비교도 안 될 만큼 어렵다는 것도 당연하다.

세 번째 정의는 자신을 유지하는 능력이 있다는 것이다. 늘어나기는 해도 늘어나자마자 깨진다면 무리를 불리고 세력을 뻗지 못하기 때문이다. 이를 '자기 보존(自己保存)'이라고도 한다.

이 항목을 알기 쉽게 말하면 '에너지가 드나들어 새끼 대(代)까지 자기 목숨을 잇는' 것이다. 실은 이런 능력이 있는지 없는지는 주위 조건에 따라 훨씬 달라진다. 인간은 지구상에서는 어디에서라도 살 수 있는 생물이지만 100℃가 되는 뜨거운 물속에 들어가면 단번에 죽는다. 반대로 나균(癩菌) 등은 아직 시험관 속에서 배양하지 못할 만큼 '죽기 쉬운' 생물인데도 사람 몸속에서는 잘 증식해 사람들을 괴롭힌다. 좀 더 정확하게 이 정의를 보충하면 '그 생물에게 편리한 조건이라면 살아갈 수 있다'라고 하겠다.

실제로는 셋째 항목은 천연의 생물이라면 당연히 충족된다. 이것이 안 되면 벌써 사멸해 버렸을 것이기 때문이다. 그러나 앞으로 인공 합성하려는 생명에게는 '속세의 바람'이 너무 세차서 합성된 시험관 속에서만 살 수 있을지도 모른다. 이 때문에 이 항목을 덧붙였다.

우선 이 세 가지를 모두 갖춘 것을 생명이라고 정의한다. 셋을 모두 만족시키면 그것은 생명, 거꾸로 생명이 있는 것이라면 셋을 모두 만족한다고 하겠다.

생명의 원천 발견

그럼 이렇게 '생명'을 정의해 보았는데 대체 생명이란 무엇인가.

'생명이란 무엇인가' 하는 질문은 옛날부터 전문가에게도 '난문 중의 난문'이었다. 생각해 보면 볼수록 생물과 무생물의 경계를 모르게 된다는 것이다. 그러나 그것은 10년 정도의 시간을 걸쳐 '조금 까다롭기는 해도 결코 난문은 아니다'라는 데까지 왔다.

왜 그럴까.

그림 1-3 | 이 물질이 빠지면 생명이라 할 수 없다

앞서 생명의 정의 제2항에 나온 '부품이 되는 분자'를 구명하는 연구가 훨씬 진척돼 어느 '분자'가 생명에 제일 중요한가가 알려졌기 때문이다.

생물의 몸을 만드는 원천이 되는 부품은 모두 분자로 돼 있는데, 각 분자는 각각 제 역할이 있다. 그리고 그 역할에는 자연적으로 경중이 따른다. 그러므로 '현재로는 어느 생명에도 공통되고, 또한 이 물질이 없으면 생명이라고 하지 못하는' 것이 분명해졌다.

그것이 핵산(核酸)이다. 거꾸로 말하면 핵산이라는 물질이 일으키는 일련의 현상이 생명이다.

핵산이란 그렇게 특별한 물질은 아니다. 이것은 인간을 비롯해 우리

주변에 가득 찬 미생물까지 생물이라면 모두 가지고 있고 그것이 '생명의 본체'가 되므로 '흔하디흔한' 물질이라 하겠다. 핵산이라는 이름부터가 세포핵 속에 있는 산성의 물질이라는 뜻이다.

그러면 왜 핵산이 '생명의 본체'인가 알아보자.

핵산 분자를 조금 적당한 곳에 넣어주면 금방 '살고 증식하고…' 하는 생명현상이 나타난다(여기에 대해서는 2장에서 상세히 설명한다). 적당한 곳이라고 한 마디로 말하지만 이것이 상당히 까다로운 조건이다. 아무튼 핵산을 아주 조금 넣어주면 '생명현상이 나타나는' 것은 사실이다.

다만 왜 핵산이 이런 불가사의한 성질을 갖는가는 아직 수수께끼다. 또 핵산이 증식할 때의 세밀한 메커니즘도 전부 밝혀진 것은 아니다. 단지 확실한 것은 증식하는 메커니즘은 모르더라도 핵산 속에는 영기(靈氣)라든가 생기(生氣)라는 알쏭달쏭한 것이 함유되지 않았다는 사실이다. 아마 핵산이 어떤 조건 밑에 놓이면, 수소와 산소가 고온에서 '자연스럽게' 결합해 물이 되는 것처럼(반응은 훨씬 복잡하지만) 물질의 당연한 반응 결과, 같은 물질이 또 하나 만들어지는 것이라 생각된다.

실은 생명의 이야기에 관련되는 핵산에는 DNA(디옥시리보핵산)와 RNA(리보핵산)의 두 종류가 있다. 두 종류의 핵산 가운데서 바이러스를 제외한 '완전한' 생물에서는 먼저 DNA가 주역이 된다. 그리고 'DNA란 생명의 본체를 뜻한다'고 알아두면 된다. 덧붙여 말하면 RNA는 바이러스에서는 DNA와 마찬가지로 생명의 본체가 되는 일이 있다. '완전한' 생물에서는 대개 주역 DNA를 돕는 보조역을 한다.

지령의 원천

대체 DNA란 무엇이고, RNA란 무엇이며 서로 어떤 관계가 있을까.

세포의 중심에는 대개 핵이 있다. 핵 속에는 염색체라는 끈을 짧게 자른 형태를 한 것이 몇 개씩 들어 있다. 생물은 어미와 똑같은 새끼를 만든다. 어디서 이 불가사의함이 오는가를 여러 학자들이 연구했다. 그리고 아무래도 이 염색체가 이러한 유전과 관계가 깊다고 20세기 초 무렵부터 거론돼 점차 확실하다고 밝혀졌다.

그러면 염색체 속의 어떤 물질이 직접 유전을 담당 하는가—이것을 연구해 밝힌 것이 DNA였다. 유전을 담당하는 수수께끼 물질에 유전 작용을 하는 것이라는 뜻에서 '유전자'라고 불렀는데 그 정체가 DNA였다. 유전자란 '작용(기능)'으로 붙여진 이름이며, '물질'적으로는 DNA였다고 하겠다.

여기서 오해해서는 안 되는 것은 '유전자'는 어미와 똑같은 새끼를 만드는 '유전'만을 담당하는 것은 아니라는 것이다. 물론 특수한 예외를 제외하고는 유전에 대해 전 책임을 진다. 그러나 그뿐만 아니고 '그 세포가 살기 위한 모든 지령'을 내린다. 이것이야말로 유전자인 DNA가 '생명의 본체'라고 단언하게 되는 중요한 점이다.

중복되지만, DNA는 적당한 조건에서는 생체 내든 아니든 증식하는 '성질'을 가졌다. 즉 '생명의 본체'다. 그러나 그뿐만 아니라 DNA는 '완전한' 생명 형태인 세포 속에서 중요한 모든 지령을 내리는 기능도 따

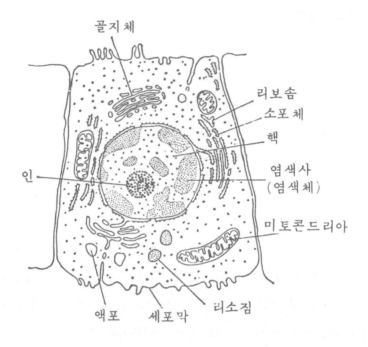

골지체

리보솜
소포체
핵
염색사
(염색체)

인

미토콘드리아

액포   세포막   리소짐

그림 1-4 | 세포의 중심에 핵이 있다

로 가지고 있다.

물론 세포가 증식되는 지령도 DNA가 내린다. 세포의 먹이가 되는 영양분을 외부로부터 받아들이는 지령, 그것을 사용해 세포의 기구를 작용시키는 지령이다. 그 세포가 체내에서 어떤 작용을 담당하는가를 인식해 그에 적합한 세포 형태나 성질을 만드는 지령도 DNA가 내린 다. 간장의 세포는 간장답게, 뼈의 세포는 뼈답게…… 무엇이든지.

'세포의 지령은 DNA가 내린다.'

세포 주식회사

세포는 그 자체가 하나의 생명이다. 세포 한 개로만 된 박테리아 등 단세포생물이 존재하는 것에서도 이것은 확실하다. 이 '세포'를, 기능을 잘 발휘하는 정밀한 회사에 비유해 보자.

DNA는 최고 결정기관인 이사회(理事會)를 운영하는 이사(理事)들이다. DNA에는 정보를 담뿍 갖춘 자료실(資料室)까지 구비돼 있다.

회사가 잘 운영되려면 이사가 중요한 구실을 한다. 이 이사들이 듬직하면 설사 평사원이 교체됐다 해도 회사 업무에는 그다지 영향이 없을 것이다. 그러나 이사나 그 이사들이 의존하는 자료가 잘못되면 금방 업무에 지장이 오고 자칫 잘못하면 도산(倒産)할지도 모른다. DNA는 이것을 어깨에 짊어지었으므로 세포 속에서의 역할이 대단히 크다.

덧붙여 말하면 아무리 이사들이 회사에서 절대 필요한 권력을 쥔 사람들이라 해도 그들만으로는 회사를 운영할 수 없다. 부장이나 과장, 평사원 같은 부하들도 그 나름대로 활약하지 않으면 성립되지 않고, 제품을 만드는 공장은 공장대로 설비도 인원도, 지령이 전달되는 지휘계통도 제대로 조직화돼야 한다. 가스나 전기 등 에너지를 어떻게 확보하는가도 큰 문제다.

이와 마찬가지로 DNA라도 혼자서 세포의 기능을 다 발휘하게 할 수는 없다.

세포에도 보조 역할을 하는 여러 가지 RNA가 충실한 부하 역할을 하며, 단백질과 에너지원을 만드는 공장도 있어야 하고, 그것들이 잘 협력해 체제를 만든다. DNA는 세포 운영에 필요한 기본적인 지령만 내고 세밀한 데는 각각 부하나 공장의 권한에 맡기고 있다. 바로 '이사의 역할'을 DNA가 한다고 하겠다. 원칙적으로 '모든 기본적인 지령'은 DNA로부터 나간다고 기억해 두자. DNA가 '생명의 본체'임은 이런 이유 때문이다.

보조 역할 사원의 2계급 승진

그럼 DNA와 쌍이 되는 또 하나의 핵산인 RNA란 무엇인가?

세포 속에서는 보통 RNA는 DNA의 보조 역할을 한다. DNA가 내린 지령을 충실히 세포의 '공장'에 전달하는 '사환' 구실을 하는 메신저 RNA(m—RNA)라든가, 생명 활동에 필요한 '제품'을 만들 때 '부품'이 되는 아미노산을 틀림없이 날아오는 '용달' 구실을 하는 전달 RNA(t—RNA)라든가, 그 밖에 '공장' 속에 있는 리보솜RNA(r—RNA) 같은 몇 가지 종류가 알려졌다.

그러므로 보통 RNA는 유전적인 결정에는 참여하지 않는다고 생각했지만 예외도 있어 역시 유전자의 범위에 넣는다.

예를 들면 세포보다 훨씬 작은 바이러스의 경우다. 이 바이러스도 보통 유전자를 가졌는데, 바이러스의 유전자는 DNA인 경우도 있고

RNA인 경우도 있다. DNA 바이러스와 RNA 바이러스로 분류하는데, 이 RNA 바이러스 쪽은 '이사'들과 그 '자료'가 RNA로 조성됐다. 세포 속에서는 DNA가 하는 역할을 모두 RNA가 하며, 이 경우에는 RNA가 유전자 자체다.

덧붙여 말하면 바이러스 가운데는 RNA가 유전자인 종류가 결코 적지 않다. 폴리오(소아마비)라든가 인플루엔자, 담배 모자이크병의 바이러스는 모두 RNA 바이러스다.

RNA 바이러스 중 암의 원인이 되는 RNA형 암 바이러스에서는 그 RNA가 침입한 세포에서 지령을 내려서 DNA를 만드는 것이 알려졌다. 이때는 보통 보조 역할을 하던 RNA가 이사보다 높은 자리에 선다고 해석할 수 있으므로 '지위의 역전'으로 화제가 됐다. 때마침 보통 세포에도 이러한 RNA 유전자가 있을지 모른다거나, 그것은 일단 '이사' DNA를 통해서 작용한다는 연구 성과도 나오고 있다. 아무튼 어떤 경우에는 RNA가 DNA와 같은 유전자의 작용을 한다.

생명현상의 주역은

이것으로 '생명'이 기본적으로 DNA, RNA 등 유전자의 화학 반응임을 일단 설명했는데, 보통 생물이라고 하면 이들 핵산보다 '단백질'이 더 알려졌다. 단백질은 생명의 어떤 역할을 하는가.

단백질이 가진 가장 중요한 기능은 효소로서의 작용이다. 효소라고 하면 약이나 어떤 종류의 세제(洗劑)에 포함되거나, 발효 때 중요한 작용을 하기에 신비로운 느낌이 들지만, 사실 그 정체는 단백질이다.

효소가 고기나 생선의 영양소로 알려진 단백질과 같다고 하면 뜻밖이라고 생각할지도 모른다. 물론 효소는 고기나 생선 속에도 풍부하게 들어 있다. 예를 들어 도살한 소나 돼지를 며칠 그대로 두면 먹기 좋게 부드러워지는 것은 고기 속에서 효소가 작용하기 때문이다.

이 효소가 생명현상에서 무슨 구실을 하는가 하면, 극단적으로 말해 모든 반응의 '보조' 역할을 한다. 이 작용을 정식으로는 촉매(觸媒)라고 하는데, 아무튼 효소의 '보조' 역할 없이는 생물의 몸속에서는 아무 반응도 진행되지 않는다.

생명이라지만 구조 자체는 엉뚱한 것이 아니라 매우 흔한 화학 반응—물질이 타거나, 분해하거나 몇 개의 원자덩어리가 붙거나 떨어지는 등의 물질 변화임이 알려졌다. 그러므로 모든 반응의 '보조' 역할을 하는 효소는 이 생명현상에 있어서 매우 중요하다 하겠다.

구체적으로는, DNA가 RNA에 지령을 전달할 때도, RNA가 '공장'으로 가서 '제품'을 만드는 각 단계에서 반드시 반응이 일어나는 곳에는 효소가 곁든다. 원칙적으로 '반응이 있는 곳에 효소가 있다.' 거꾸로 말하면 '반응을 일으키는 데는 효소가 필요하다'고 생각하면 된다.

다른 측면에서 단백질의 중요성을 이해하기 위해 다시 세포 주식회사의 비유를 들자. 어느 회사를 샅샅이 견학했다고 하자. 공장에서 활발하게 제품이 제조되거나 바쁘게 사람들이 기계 주위에서 일하고 있다면 사뭇 '아아, 이 회사는 바쁘게 돌아가는구나' 하고 느낀다. 그러나 본사의 사무실은 겉보기로는 뭐가 뭔지 잘 모른다. 하물며 큰 책상 앞에 버티고 앉은 이사들이나 방대한 파일을 구비한 자료실은 '이것이 회사의 중추 부분이다'라는 설명만 듣고는 '그래' 하고 끄덕거리기만 할 뿐 이 회사의 전부를 알았다는 생각이 들지 않는다.

생명의 최소 단위인 세포에 대해서도 마찬가지다. 아무리 DNA가 생명의 본체라고 하지만 지령을 내기만 한다고 세포가 제구실을 하는 것은 아니다. 공장이 있고, 제품이 있고, 그것을 돕는 효소를 다 보고 나서야 비로소 '아하, 살았구나' 알게 된다. 이처럼 실제로 살았다는 것을 나타내는 여러 가지 현상의 주체가 되는 것이 단백질이다.

그러므로 생명이 '현상'으로 눈에 띌 때는 중심이 되는 것이 단백질이라고 할 수 있다. 생명을 '본체'와 '현상'으로 나누면 '본체는 핵산이고, 현상은 단백질'이 주역이라고 해도 된다.

신비가 풀렸다

이렇게 생명은 적어도 그 기본이 분자의 형태를 한 '물질'임이 밝혀졌다. 정체가 밝혀지자 영기(靈氣)가 서린 신비의 세계도 아니고 과학이 들어서지 못하는 불가사의한 것도 아니었다.

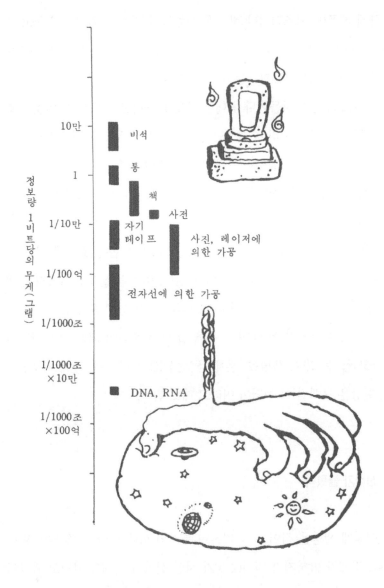

정보량 1비트당의 무게(그램)

10만 — 비석
1 — 통
　　　책
1/10만 — 자기 테이프　　사전
　　　　　　　　사진, 레이저에 의한 가공
1/100억 —
　　　전자선에 의한 가공
1/1000조 —

1/1000조 ×10만 — DNA, RNA

1/1000조 ×100억 —

그림 1-5 | 정보 밀도의 비교, 생물을 능가하는 기기는 없다

그러나 생명이 '대단치 않은' 기계라고 생각하면 큰 잘못이다. 생물이 '분자 기계(分子機械)'라는 것과 기계를 깔보는 것을 뒤범벅해서는 안 된다.

'분자 기계'가 굉장히 콤팩트하다는 얘기는 앞에서 했다. 마찬가지일이지만 생물의 분자 부품은 아주 세밀하다.

예를 들어 DNA가 얼마만한 크기인가 하면 1개의 그룹(1유전자분)이 1㎝의 10만분의 1 정도다. 무게는 10조분의 1㎎쯤 된다. 만일 30년쯤 먹지도, 마시지도 않고 1초에 1개씩 주워 담는다 해도 겨우 1㎎밖에 안된다고 하니 얼마나 작은가를 알 수 있다.

생명은 이렇게 작은 물질에 자료를 듬뿍 담고 있다. 같은 무게라면 생물이 갖는 정보량은 사전은 말할 것도 없고 아무리 우수한 일렉트로닉스 정보기기라도 훨씬 능가한다(그림 1-5).

이렇게 작기 때문에 1유전자분의 DNA는 광학현미경으로는 보지못한다. 전자현미경이라면 흐릿하게 실처럼 보일 뿐이다. 물론 어떤 정보가 어떻게 포함됐는지는 전혀 볼 수 없다.

생명이 있는 무생물의 생활 방식

생물이라든가 생명을 정의할 때 반드시 제기되는 것이 바이러스는 어떤가 하는 문제다.

이 문제를 알아보자.

바이러스는 확실히 증식하며 질병을 일으키기도 하므로 당연히 작은 생명이라고 생각됐다. 그런데 이 바이러스가 다름 아닌 결정(結晶) 형태를 취하기 때문에 대뜸 생물인지 무생물인지 알쏭달쏭해졌다.

그 후 알려진 성과는 매우 개략적으로 말하면 다음과 같다.

바이러스는 생명의 본체인 유전자와 그것을 보호하는 '옷'에 해당하는 단백질을 가지고 있다. 그러나 스스로 먹이를 찾아 먹지도 못하고, 스스로 증식하지도 못한다. 증식할 때는 반드시 살아 있는 세포에 들어가 그 '공장'의 덕을 본다.

세포 주식회사 이야기가 몇 번씩 나왔는데, 다시 인용하면 바이러스는 '침략자'로서 이사들을 암살하고 회사의 자료들을 망가뜨리고 그들을 대신해 차례차례 자기 지령을 내린다. 부장이나 평사원은 이사실에서 나온 지령인줄 알고 그대로 일을 한다. 그런데 완성된 제품은 세포 주식회사 운영에 필요한 것이 아니라 '침략자'의 부하라든가 그들의 옷뿐이라는⋯⋯ 결과가 된다.

'침략자'는 옷을 입자 태어난 부하들과 회사를 때려 부수고 밖으로 튀어나가 버린다. 물론 회사는 도산한다. 즉 세포는 죽어버린다.

DNA 바이러스의 매우 전형적인 활동의 하나가 이런 '침략자'가 되는 것이다. 바이러스에는 이밖에 여러 가지 형이 있다. RNA 바이러스는 이 사실에서 지령을 내린 척하면서 자기와 같은 것을 만들게 한다. 암 바이러스는 어느 샌가 이사실로 들어가 시치미를 떼고 이사의 한 사

그림 1-6 | 바이러스의 생활 수단

람처럼 행세하다가 어느 시기가 되면 '불려라! 불려라!' 하는 지령을 연달아 내서 그 세포를 암세포로 만들어버린다. 그 밖에 시치미를 떼고 이사의 한 사람으로 둔갑할 때까지는 암 바이러스와 같다가도 갑자기 '침략자'의 정체를 드러내고 난폭한 짓을 저지르는 잠재성 파지화(化)라는 현상도 있다(파지란 세포에 기생하는 바이러스다).

조금 이야기가 옆길로 벗어났는데, 바이러스가 증식하는 것은 자신의 힘만이 아니라 세포의 힘을 빌린다는 점이 중요하다. 이를테면 세포의 '기생충'이라고 표현하는 이유가 여기에 있다. 더욱이 생명의 본체인 유전자는 제대로 자기 특유한 것을 가지고 있고, 세포의 '공장'을 빌릴 뿐이므로 앞서의 세 가지 정의는 일단 충족한다고 하겠다.

거꾸로 자기 스스로 증식하지 않는다거나, 스스로 먹이를 찾지 않는다고 트집을 잡으면 세 가지 정의는 충족되지 않는다. 그러므로 엄밀하게 정의할 때는 생물에서 제외해도 된다. 이유가 서면 '억지로 어느 쪽에든 몰아넣을 필요는 없다'는 것이 바이러스 학자의 최근의 태도인 것 같다.

이 책에서는 유전자를 가졌다는 점을 중요하게 보고 일단 바이러스를 생물의 무리에 넣어둔다. 더 완전한 세포 같은 생명만을 생각해서 바이러스를 제외할 때는 엄밀한 의미에서의 생명이라든가, 완전한 생명이라고 알 수 있게 구별하기로 한다.

제2장

생명의 합성은 어디까지 왔는가

인공이란

제1장에서는 완전하게는 아니지만 생명이란 어떤 것인가 알아보았다. 그러면 그것을 '인공 합성'한다는 것은 어떻게 한다는 것을 가리키는가가 다음 문제가 된다.

생명은 지구상에서 자연으로 많이 만들어졌으므로 '인공'이라면 손을 써서 가공해야 한다. 그럼 어떤 수를 얼마만큼 쓴 것을 '인공'이라 부르는가.

어항에 물을 붓고 금붕어를 넣는다. 물과 먹이에 조금 신경을 쓰면 금붕어는 알을 낳는다.

먹이나 물을 봐주고 인간이 손을 썼으므로 이것이 인공으로 한 생명 합성이라 해도 아무도 곧이곧대로 듣지 않는다.

그렇다면 이 금붕어로부터 지금까지 없었던 아름다운 금붕어를 만들었다면 어떤가. 일반적으로 하는 품종개량이다. 확실하게 지구상에 존재하지 않던 새로운 종류의 생명을 만들었지만, 이것도 생명 합성이라고는 하지 못한다.

지금까지 생명으로 존재하던 것을 그대로 써서 그 유전자의 활동에서 나온 구체적인 형태나 성질을 바꿔준 것에 지나지 않기 때문이다.

마찬가지로 시험관 아기도 생명의 인공 합성이라고 하지 못한다. 시험관 속에서 새로운 생명이 태어난다면 겉보기에는 화려하고 인간이 새 생명을 만들어 낸 것 같은 느낌도 들지만, 생명의 원천이 된 난자와 정자는 자연에 있는 것을 곧이곧대로 가져온 것이다. 난자와 정자에는 생명의 본체인 유전자가 완전히 포함돼 있으므로 그것이 합체해서 완전한 인간으로 자라는 것은 이상하지 않다. 시험관 아기는 단지 수정한 난자가 인간으로까지 제대로 성장할 수 있는 환경을 만들어주는 기술에 지나지 않는다. 실용면에서는 여러 가지 의의도 크지만 생명 자체의 인공 합성이라는 점에서는 대수롭지 않다고 하겠다.

이렇게 보면 자연에 존재하는 생명을 '곧이곧대로' 이용해 새로운 생명을 탄생시켜도 문제가 되지 않는다는 것이 납득이 간다.

물론 금붕어나 인간이므로 이야기는 간단하지만 작은 바이러스는 그렇지도 않다.

바이러스를 차례차례 배양해 신종 바이러스를 만들었다고 하자. 조사해 보면 생명의 본체인 유전자가 대폭적으로 달라지는 일도 있다. 유전자가 아주 달라지면, 이것은 어떻게 보든 새로운 생명을 만들었다고 해도 된다. 유전자가 대폭적으로 변화했다는 증거가 있으면 이것도 새로운 생명이 아닌가 생각하고 싶다. 하물며 재료가 유전자 자체를 변화시키는 자외선이나 약품을 사용해 유전자를 잘라내거나 덧붙이거나 교환한 것이므로 더욱 그런 생각이 든다.

그러면 '품종개량'과 '새로운 생명의 합성'과는 뚜렷이 구별이 될까. 또 구별한다면 어디서 구별해야 될까.

지상 최소의 생명

구체적으로 얘기하자. 먼저 얘기한 생명의 정의를 충족하는 생물로서 지구상에서 제일 작은 것은, 예를 들어 게이오 대학 생물학 교실의 니시하라 박사팀이 인공적으로 유전자를 축소해 시험관 속에서 탄생시킨 '미니 바이러스'가 있다. 크기가 1,000만 분의 1㎝ 정도다. 바이러스 중에서 작은 것과 비교해도 20분의 1 정도여서 아무래도 '증식 능력 외에는 아무것도 갖지 않는 유전자'가 아닌가 화제가 되기도 했다.

그 '선조'는 동물원의 긴팔원숭이의 똥에서 찾아낸 SP파지라는 RNA 바이러스인데, 유전자의 사슬 길이는 이 '선조'의 20분의 1 정도(분자량 약 5만)로 짧아졌다. 원래 바이러스의 성질을 일부분은 이어받았겠지만, 도저히 비슷한 '생물'이라고 할 수는 없다. 여기까지 오면, 엄밀한 의미가 아니라 겉보기로서는 '새로운 종류의 생명을 합성했다'라고 하는 표현이 반드시 잘못이라고는 생각되지 않는다.

이때의 '합성'이라는 말뜻은 억지로 그렇게 부르면 부를 수도 있다는 정도이므로 '합성'이라고 부르지 않아도 그다지 지장이 없다. 또 억지로 '미니 바이러스'를 '합성'했다고 해도 '완전한 합성'이라는 내용과는 거리가 먼 것도 사실이다. 그렇더라도 '미니 바이러스'를 '합성'이라고 부를 수 있는 뉘앙스는 어디서 왔을까.

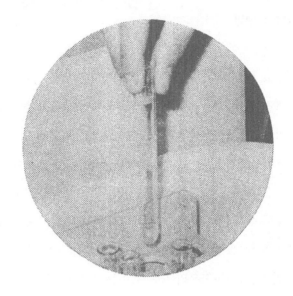

그림 2-1 | 미니 바이러스가 이 한 개의 실험관에 1천조 마리나 들어 있다

앞서 금붕어의 '품종개량'과의 차를 생각해 보면 '유전자 자체가 대폭 변한 증거가 있다'라는 점인 것 같다. 금붕어의 경우는 유전자가 변화했는지 몰라도 유전자가 '대폭' 변했다고는 생각하기 어렵고, 변했다고 해도 증거가 없다. 표면적으로 변화한 형태나 빛깔도 원래 유전자에 포함됐던 것이 단순히 표면에 나타났는지(발현했다) 모른다. 백번 양보해 형태나 빛깔의 유전자가 전부 변화했다고 해도 개량해서 만들어진 생물도 금붕어임은 틀림없고 어미와 같은 먹이를 먹고, 헤엄치고, 알을 낳는다고 하면 '사는' 지령을 모두에게 내리는 유전자의 변화로서는 매우 일부분에 지나지 않을 것이다.

'미니 바이러스'의 유전자가 '선조'의 20분의 1 정도 작아졌다는 것과 비교해 보자. 이런 경우는 적어도 20분의 19, 즉 95%의 유전자가 확실히 '변화'한 것이다. '미니 바이러스' 만들기를 '새로운 생명의 합성'이라고 해도 괜찮을 것 같은 이유는 이 때문이다. 다만 앞서 얘기한 것처럼 이것은 '생명합성이라고 할 수도 있다'는 정도이며, 나중에 여러 가지로 나오는 '인공 합성'과는 다른 것이므로 주의해야 한다.

아무튼 장차 유전자를 용이하게 변경하게 되면 당연히 용어의 정의도 좁혀질 것이다. 현재로서는 '품종개량'과 '새로운 생명의 합성'이라는 용어의 경계에는 뚜렷한 정설(定說)이 있는 것은 아니라고 미리 말해 두겠다.

시험관 내의 생명 구조

또 하나 자칫하면 순수한 생명합성이라고 생각하기 쉬운 것이 생명의 '시험관 내의 생합성(生合成)'이다.

생합성이란 '생체 내에서의 물질합성 반응'을 말한다. 다른 화학 반응에 의한 합성과 다른 점은 체온의 온도로 반응이 진행되는 것이 제일 눈에 띈다. 연소 등 화학 반응에 비해 엄청나게 낮은 온도라고 하겠다. 비슷한 이야기로 수소와 산소로부터 물을 만드는 데도 수소를 불꽃으로 태워도 되고, 연료전지로 전기 에너지를 발생할 때도 생긴다. 백금 같은 촉매를 사용하면 상당히 낮은 온도로도 물을 만들 수 있다. 이 촉매의 능률을 매우 좋게 하고 반응 온도를 낮추면 우리의 체온 정도의 온도를 유지한 채 어떤 반응을 진행해 뭔가 만들어진다는 이치다. 그러므로 생합성은 생물의 몸속에서는 당연하면서도 매우 흔하디흔한 반응이다.

이때의 촉매가 효소다. 효소의 도움이 있으면 온도를 올리지 않더라도 여러 가지 반응이 극히 효율 좋게 진행하므로 매우 우수한 촉매다. 생체 내에서의 반응에는 효소가 뒤따른다는 것은 앞에서 얘기한 대로다.

그럼 생체 내의 반응을 시험관 속에서는 할 수 없는가. 가능하다. 생체 내의 반응은 복잡하지만 단순한 화학 반응이다. 시험관 속이라도 조건만 구비되면 원활하게 진행될 수 있다. 이것이 '시험관 내의 생합성'이다.

이때는 재료나 효소가 필요하다. 현재로서는 대개 생체 내로부터 그대로 빌린다. 그것을 사용해 시험관 속에서 생체 내와 마찬가지 반응을 일으키게 한다.

이 시험관 내 생합성으로 만들어진 물질이 핵산으로 구성된 유전자인 경우는 어떻게 되는가. 유전자는 스스로 증식한다. 적당한 환경에서 그것이 확인되면 '시험관 내에서 생명이 합성됐다'고 하겠다. 물론 이때 적어도, 현재로서는 재료도 효소도 생체에서 얻은 것이므로, 재료나 효소 자체를 인간이 만든 것이 아니니 터놓고 '합성됐다'고 좋아할 수는 없다. 그러나 시험관 속에 원료나 효소와 견본을 넣기만 해도 자꾸 증식되는 '생물'이 발생했으니, 이것은 확실히 어떤 의미에서는 인간의 손으로 생명을 합성했다고 할 수 있는 성과다.

벌거벗은 생명

실은 이 업적은 이미 1965년 10월 이룩됐다. 현재 오사카 대학 이학부 생물학 교실의 하루나 교수가 당시 미국 S. 슈피겔만 박사의 연구실에서 연구하던 중에 성공했다.

실험 재료로는 대장균에 기생하는 Qβ(큐베타)라는 RNA 파지를 썼다. 파지란 박테리오파지를 말하는데 세균에 붙은 바이러스다.

RNA 바이러스이므로 유전자는 RNA로서 그 주위에 단백질의 옷을 입고 있다. 지름이 24밀리미크론(1밀리미크론은 100만분의 1㎜)인 구형으로 바이러스 가운데서는 작은 부류에 속한다.

이 바이러스는 대장균에 붙으면 유전자가 균 속에 들어가 대략 30분 정도면 2,000에서 3,000개나 되는 새끼를 만들고 균을 죽이고 나온다. RNA는 생명의 본체이므로 시치미를 떼고 대장균의 본래의 '메신저' RNA로 변신해 대장균 속 '이사'들의 지령인척 자신의 지령을 '공장'에 전달해 세포 내의 기구를 이용해 새끼를 만들 것이다.

다시 되풀이하면 이 바이러스의 RNA(유전자)에는 자기 새끼를 만들기 위한 지령 내용이 모두 들어 있다. 대장균이라는 '공장'의 메커니즘을 빌리면 제대로 Qβ의 어미와 똑같은 새끼가 만들어진다.

RNA는 긴 사슬 모양으로 마치 '사슬고리' 같은 작은 그룹(뉴클레오타이드라고 한다)이 연결돼 있다. 고리 종류에는 네 가지가 있고, 어떤 종류의 고리가 어떤 순서로 배열되는가 하는 지령 내용이 결정되는 것처럼 이것에는 거의 전체 생물에 공통적인 '모스 부호' 같은 암호가 들어 있다. 따라서 RNA는 '네 종류의 고리가 독특한 순서로 많이 연결된 사슬'이라고 생각하면 된다.

바이러스가 증식하려면 그 중추가 되는 유전자도 당연히 증식해야 한다. 어떻게 증식하는가 하면 긴 사슬의 고리 하나하나를 효소가 이어간다. 이때 고리의 종류나 순서는 어미와 똑같아야 하는데 효소는 어미의 사슬을 견본삼아 제법 순서를 틀리지 않고 연결해 간다.

하루나—슈피겔만 그룹은 이것을 시험관 속에서 만들어보려고, 먼저 사슬의 고리에 해당하는 재료인 뉴클레오타이드를 듬뿍 넣었다. 아주 미소한 양의 바이러스의 RNA도 견본으로 넣었다. 그리고 견본이 되는 RNA를 복제하는 효소를 추출해 첨가했다.

이 효소를 추출하는 작업은 실로 어려웠다. 원칙적으로 효소는 담당 임무가 분명히 정해져 있다. 이때처럼 RNA를 견본으로 RNA를 하나 더 복제하는 데는 다른 효소는 아주 쓸모없다. 더욱이 이 바이러스(Qβ 파지)의 RNA 복제효소는 다른 바이러스의 효소로는 소용이 없다(종 특이성이 있다고 한다).

이런 이유로 아무래도 이 바이러스에 특유한 RNA 복제 효소가 필요한데 어디나 있는 것은 아니다. 왜냐하면 '이 특제 효소를 만들어라'라는 지령서에 따라 바이러스가 커지고 있으나 이것은 어디까지나 지령서여서, 이를테면 설계도나 청사진 같은 것이다. 효소의 '현물'을 바이러스는 가지고 있지 않다. '현물'은 어디까지나 대장균 속에서 생긴다. 즉 바이러스가 대장균에 침입하면 그때 비로소 지령서가 효용을 가지게 돼 균 속에 효소라는 '현물'이 생기고, 매우 곤란한 일은 균은 곧 바이러스 때문에 파괴되므로 쓰고 난 효소도 무산해 버린다.

하루나 박사팀은 고생 끝에 이 바이러스(Qβ파지)에 감염된 대장균으로부터 조금씩 이 특제 효소를 모아 정제(精製)했다. 이 기술이 성과를 올리는 원천이 됐다고 평가할 만하다.

이렇게 추출한 효소를 시험관 속에 첨가하고 마그네슘을 넣는 등 반응이 진행되기 쉬운 조건을 갖췄더니 RNA의 긴 사슬이 훌륭하게 만들어졌다. 새로 생긴 사슬과 그 표본이 된 어미 사슬은 똑같았기 때문에 구별이 되지 않았지만 양이 늘었기 때문에 새로 사슬이 생겼음을 알았다. 또한 이 RNA는 천연의 Qβ파지의 RNA와 똑같이 스스로 표본이 돼 새끼를 늘리는 능력이 있다는 것도 증명됐다.

시험관 속에서 생명을 만들어서 세계적으로 크게 반향을 불러일으켰다. 이 업적은 하나의 계기 이상의 의의가 있다. 생명의 '본체'인 유전자를 '생명이 없는 데서도 만들 수 있다'라는 것을 보여준 점에서 큰 의의가 있었다. 즉 생명이란 인간의 지혜가 미치지 않는 신비적이고 절대적 벽 너머에 있는 것이 아니고 물리학이나 화학 법칙대로 잘 반응을 시키면 완성할 수 있다는 실례를 보여준 실험이었다. 그러므로 과학자들은 '생명이라는 말의 신비적인 뜻에 현혹되지 말고 제대로 지식을 쌓아 가면 궁극적으로는 생명의 수수께끼를 풀 수 있을 것'이라고 용기를 북돋게 됐다.

바이러스 아재비

Qβ파지라는 바이러스의 RNA는 이렇게 시험관 속에서 인간의 생각대로 만들어졌다. 그러나 완성된 RNA는 벌거벗었다. 보통 바이러스처럼 제 구실을 하려면 단백질 옷을 입어야 한다.

그렇지 않으면 환경이 쾌적한 시험관 속에서라면 살아가면서 증식하기도 하겠지만 보통 Qβ파지처럼 시궁창에 살면서 대장균을 만나면 먹어치우고 증식할 수는 없다.

그렇지만 최근의 연구에서 옷을 입지 않은 벌거벗은 핵산이 병원체가 되는 경우도 있으므로 반드시 '옷'이 필요하지 않다는 것이 알려졌다. 1971년 8월 미국 메릴랜드주에 있는 농무성 농업시험장의 테오도어 다이너 박사가 발표한 감자의 모양을 이상하게 만드는 '감자위축병'의 병원체로서 추출한 '바이러스 아재비'(바이로이드)가 그렇다. 크기가 수 밀리미크론이므로 보통 바이러스보다 한 둘레 작다. 단백질로 둘러싸이지 않은 RNA라는 연구 결과가 나왔다. 자연계에서 병원체가 되므로 자연의 가혹한 환경에 견디어 감자 세포에 들어가 증식한다.

그때까지는 자연계, 특히 생체의 안팎에는 RNA를 파괴하는 효소가 많으므로 보호하는 옷을 입지 않으면 곧 파괴된다고 예상됐으므로 이런 형태의 생명은 없을 것으로 생각했다. '보통의 RNA 분해 효소로 파괴되지 않게 특수한 형태를 하고 있지 않을까'라고도 생각돼 전문가끼리 큰 흥미의 대상이 되고 있다.

그림 2-2 | 바이러스 아재비

이 바이로이드 같은 예외가 없는 것은 아니지만 어디까지 나 예외다. 보통으로는 핵산이 벌거벗은 채로는 바이러스로서, 즉 생명으로서는 취약한 것만은 틀림없다.

바이러스의 옷 짓기

그럼 제대로 옷을 입고 가혹한 환경에도 지지 않는 바이러스는 어떻게 만드는가. 또 그 연구는 어디까지 진척됐는가.

하루나 팀의 RNA 만들기에서 보아온 것처럼 중심이 되는 유전자는 시험관 내에서 증식된다. 그러므로 남은 실험은 ① 단백질의 옷을 만들어, ② 그것을 입히는 2단계 반응이다.

먼저 단백질 옷 만들기인데, 방법은 대체적으로 핵산을 만들 때의 방법을 쓰면 된다. 즉 바이러스에는 그 바이러스에 독특한 옷이 있다. 사치를 좋아해서 언제나 맞춤옷만 입는다. 어떤 옷인가 하는 주문서는 유전자 속에 들어 있다. 긴 사슬 모양으로 된 유전자의 네 종류의 고리가 어떻게 배열하는가 하는 암호로 주문하게 돼 있다. 현재는 몇 가지 바이러스에 대해서는 옷의 주문서가 긴 유전자의 어디쯤에 있는가 하는 지도(地圖)까지 알려졌다.

그러므로 먼저 시험관 속에는 옷의 주문서로서 바이러스의 유전자를 넣어준다.

그리고 다음에는 제품이 단백질이므로 그 재료가 되는 아미노산을 듬뿍 넣어준다. 핵산이 뉴클레오타이드의 사슬이었던 것처럼 단백질은 '아미노산'이라는 '사슬고리'가 길게 연결돼 사슬처럼 돼 있다. 유전자와 조금 다른 것은 고리가 되는 아미노산의 종류가 20종류쯤 된다는 것이다.

여기에 아미노산을 연결하는 구실을 하는 효소를 넣으면 된다는 이치인데, 실은 이것이 대단히 까다로운 복잡한 구조로 돼 있으므로 대장균으로부터 '단백질제조 공장'이라고 할 만한 리보솜을 아미노산을 운반하는 전달 리보핵산(t—RNA)과 더불어 몽땅 빌려온다.

리보솜이란 오뚝이처럼 구가 두 개 붙은 형태를 한 작은 입자로 보통 세포 속에서는 핵과는 떨어져 세포질 속에 들어 있다. 생명의 본체는 DNA 같은 유전자인데 생명현상의 주체는 단백질이었다. 그 단백질을 만드는 '공장'이 리보솜이다. 긴 사슬로 된 RNA가 여기서 그 암호를 읽고 암호로 쓰인 지령서대로 단백질을 만든다. 그러므로 바꿔 말하면 '생명의 본체가 구체적으로 생명현상으로 나타나기' 위한 원천이 되는 중요한 '공장'이라고 하겠다.

그러므로 재료가 되는 아미노산과 주문서를 가진 RNA를 넣어주면 리보솜은 재빨리 단백질을 만들어 낼 것이다. 이때 주문서가 되는 RNA는 대장균의 RNA가 아니고 바이러스(파지)의 유전자인데, 원래 바이러스는 자연계에서도 균의 리보솜이 자기 옷을 만들게 하므로 문제는 없을 것이다.

사실 1962년 미국 록펠러 대학의 N. 진더 박사팀이 이러한 방법으로 시험관 내에서 바이러스의 옷을 만드는 데 성공했다.

옷을 입힌다

바이러스에 대해서는 그 유전자인 핵산도 옷이 되는 단백질도 시험관 내에서 완성됐다. 이것으로 성분이 모두 갖춰졌으므로 다음에는 유전자 본체에 옷을 잘 입히는 작업만 남았다.

이 실험도 성공했다는 보고가 몇 가지 나왔다.

담배모자이크 바이러스(TMV)는 나선형으로 감긴 RNA 사슬 주위에 단백질의 작은 입자(캡소미어)가 둘러싸듯 붙어 있다. 이 바이러스는 형태가 간단한 막대 모양이므로 옷을 입히기도 간단할 것이었다. 실제로 오래전에 시험관 속에서 유전자와 옷을 붙이는 실험에 성공했다. 미국의 H. 프랭클―콘라드, R.C. 윌리엄즈 박사팀이 이룩했다.

담배모자이크 바이러스를 많이 모아 반으로 나누고, 한편에서는 RNA를, 한편에서는 단백질만을 모아 정제한다. 어느 쪽에든 다른 쪽 성분이 들어 있지 않은 것을 확인한 뒤에 두 가지를 섞는다. 온도나 용액이 조건에 맞아야 하지만 잘하면 완전한 바이러스가 만들어진다.

완성된 바이러스를 실제로 담뱃잎에 발라주면 작은 반점이나 모자이크 모양의 무늬가 생기므로 완전한 바이러스임에 틀림없다.

최근에 이 실험은 발전을 거듭해 담배모자이크 바이러스의 RNA와 근연의 오이녹반(綠斑)모자이크 바이러스에 옷을 입히는 실험도 성공했다. 옷은 반드시 RNA의 일정한 끝(5′말단)부터 옷을 입는다든가, 그때 단백질의 입자가 몇 개의 RNA에 붙어 먼저 옷을 입을 준비를 한다든가 하는 상세한 내용이 알려졌다. 이에 대해서는 일본의 도쿄 대학의 오카다 박사가 농림성(農林省) 식물 바이러스연구소 재직 시에 주로 연구했다.

담배모자이크 바이러스는 막대 모양의 간단한 형태이므로 옷 입히기도 쉽겠지만, 이보다 복잡한 구상(球狀)의 DNA 파지는 1967년 도이칠란트 막스 플랑크연구소의 호프만베링 박사팀이 단백질의 옷을 입

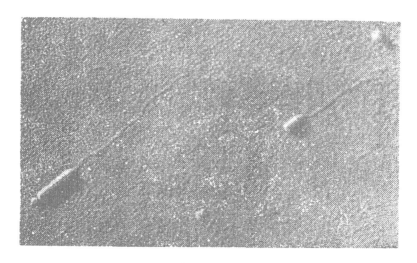

그림 2-3 | 옷을 입으려 하는 TMV

히는 데 성공했다고 발표했다. 어쨌든 둥근 모양이므로 이 경우는 옷을 입는다기보다 주둥이가 작은 단백질주머니 속에 유전자의 사슬을 잘 넣는 작업처럼 느껴져서 그만큼 어려웠을 것이다.

주머니에 채워 넣는데도 자칫 잘못하면 유전자가 다 들어가지 못하고 넘치기에 주머니 속에서 유전자가 접히는 형태도 일정한 방식을 취해야 한다. 그러나 아무튼 이런 형태 의 파지라도 완성할 수 있게 됐다.

바이러스의 핵산과 단백질을 따로따로 꺼냈다가 다시 섞어 붙이는 것을 '바이러스의 재구성이라고 하는데, 지금까지 보아온 것처럼 이 둘을 일단 분리했다가 시험관 내에서 다시 원래의 완전한 바이러스로 만드는 일은 상당히 역사가 오래됐다.

주의해야 할 일은 일반적으로 핵산과 단백질을 재구성할 때는 시험관 내라도 적당한 조건을 만들어 주기만 하면 다음은 일절 손댈 필요가 없고 '핵산이 스스로 단백질을 입는다'는 것이다.

이 방식은 바이러스의 종류에 따라 여러 가지로 다른 것 같고, 모든 바이러스에 부합되는가는 아직 결정적으로 말할 수는 없다. 그러나 적어도 지금까지의 예는 바이러스를 구성하는 두 종류의'부품'만으로 그것이 저절로 합체해 한 '생명'으로 조립된다는 증거는 된다. 생명을 둘러싸는 자연의 정교한 구조는 놀랄만하지만, 한편에서는 생명의 탄생일지라도 그렇게까지 상식을 벗어난 복잡한 반응은 아니라고 납득될 것이다.

만일 이것이 세포 내에서는 마구 증식되는 바이러스조차 시험관 내에서는 아무리 해도 완성된 모습으로 합성되지 않는다면 현재의 과학으로는 생명을 이해할 수 없다고 체념했을 것이다. 그러나 그렇지 않았으니 '생명은 과학으로 이해할 수 있을 것'이라는 예측도 성립되는 것이다.

빌린 것과 손수 만든 것의 차이

이른바 '반편' 생명인 바이러스에 대해서는 세 가지 단계에서 생체 내의 물질을 빌리면 시험관 내에서 생합성이 가능하다는 것을 알았다. 간단하게 복습해 보면, 유전자를 꺼내서 그것을 표본으로 새로 유전자를 증식한다. 그리고 단백질의 옷을 만들게 한다. 다음에 유전자에 옷을 입힌다—는 순서다.

그러나 이 세 단계를 거친 바이러스에 대해 연속적으로 실험해 성공한 보고는 아직 없다. 연구자가 볼 때 이론상으로는 가능한 일이므로 그런 일에 정력을 쏟는 것은 부질없는 짓이라는 생각도 있을 것이다. 또 유전자의 복제는 단계 하나하나가 숙련이 필요하기 때문에 한 그룹의 학자만으로는 전 단계 가운데서도 익숙하지 않은 분야를 극복하지 못한다는 이유도 있을 것이다. 그러나 어쨌든 이제는 시간과 연구비만 들이면 인간의 힘으로 바이러스를 시험관 내에서 틀림없이 생합성할 수 있고, 어느 날엔가 상당히 큰 과학 뉴스로서 보도될 것이다.

다만 성공한다고 해도 재료나 연장을 천연의 생물에서 빌렸다면 크게 '에누리'될 것이다. 유전자의 표본, 그리고 복제하는 효소, 단백질 제조 공장인 리보솜 등 지금까지 보아온 바로는 이들은 모두 인간이 '손수 만든' 것은 아니었다.

그렇다면 '흠'잡을 데 없는 순수한 인공 합성은 생각할 수 없는가— 예를 들면 '사슬고리'를 효소의 도움을 빌리지 않고 사람 손으로(이것을 유기화학적이라고 한다) 결합하지 못할까. 그리고 인간과 같은 고등동물은 제쳐놓고 바이러스 같은 '반편'의 생명이 아닌 '완전'한 세균을 만들 수 없을까—누구나 생각한다.

이에 대한 구체적인 얘기는 다음 장에서 소개하겠다.

제3장

유전자의 합성

코라나 박사의 성과

1970년 6월 인도 태생의 미국 노벨상 수상자 G. 코라나 박사는 '유전자로서 쓸모 있는 DNA를 인공 합성하는 데 성공했다'고 발표했다.

DNA라는 물질이 '생명의 본체'이므로 이 물질을 합성했다면 '인간이 생명을 합성했다'고 해도 되므로 그 해 최대의 과학 뉴스가 됐던 것을 기억하는 사람도 있을 것이다. 이 장에서는 코라나 박사의 업적을 중심으로 얘기하겠다.

이때까지 나온 유전자 중 RNA는 '네 종류의 고리가 많이 연결된 긴 사슬'이라고 설명했다. 한편 보통 세포에서 유전자로 행세하는 DNA는 이런 사슬이 2개가 쌍으로 돼 있다.

DNA도 고리(뉴클레오타이드)는 네 종류다. RNA와 닮은 구조를 가졌으나 부품(염기와 당)이 조금 다르다. 부품(염기)은 아데닌, 구아닌, 사이토신, 타이민이라 불린다. A, G, C, T라고 쓰기도 한다.

2개의 사슬이 쌍으로 됐다고 말했는데 고리 1개씩 쌍이 되는 상대가 정해져 있다. 한편이 A라면 그 상대는 T, C는 G와 결합된다. 2개의 사슬 어디를 봐도 A와 T, C와 G 고리가 각각 마주 본다. 결코 A와 C, G와 T는 짝짓지 않는다. 마치 '열쇠와 자물쇠'처럼 A—T, C—G가 꼭 맞게 돼 있다.

코라나 박사팀이 합성한 유전자는 세포의 유전자 DNA이므로 이러한 두 가닥 사슬이었다.

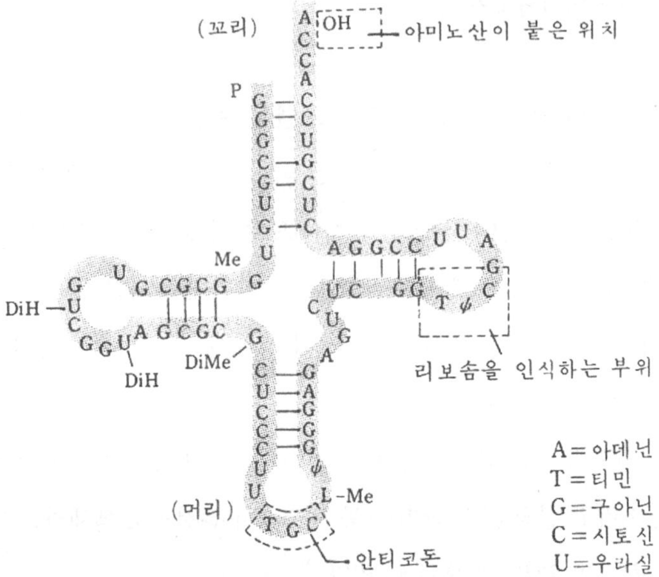

(꼬리) A C OH ┤ 아미노산이 붙은 위치
C
C
A
P G ─ C
G ─ C
G ─ C
U ─ G
C ─ G
G ─ C
U ─ C
G ─ C
Me U AGGCC U U A
U │ │ │ │ │ G
G U G C G C G G C U C G G C C
DiH ─ U │ │ │ │ │ C U T ψ
C G G U A G C G C G U G
G G U A G
DiH DiMe C ─ G 리보솜을 인식하는 부위
U ─ A
C ─ G
C ─ G
C ─ G
U ψ
(머리) U L-Me
T G C
└ 안티코돈

A = 아데닌
T = 티민
G = 구아닌
C = 시토신
U = 우라실

그림 3-1 | 클로버형 전달 RNA

목적은 전달자

코라나 박사팀이 인공 합성하려고 생각한 유전자는 효모 속의 알라닌이라는 아미노산을 운반하는 전달 RNA(알라닌 전달RNA)를 만드는 '지령서'였다. 지령서는 보통 'XX를 만들어라'라는 형태로 발하므로 이 지령서는 '알라닌 전달 RNA를 만들어라'라는 지령서라고 생각해도 된다. 인공 합성하는 지령서는 DNA, 그 지령서로 만들어진 제품은 여기서는

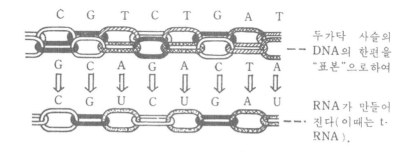

그림 3-2 | DNA로부터 t—RNA가 만들어진다

RNA였다.

전달 RNA란 앞에서 얘기한 '단백질 제조 공장' 리보솜 주위를 얼쩡거리는 재료 운반자로 단백질의 재료가 되는 아미노산을 단백질의 제조 현장으로 나르는 일을 한다. 여기서 이야기하는 운반자는 알라닌이란 아미노산을 나르는 역할을 한다.

이런 '전달자'를 만드는 지령서를 합성하려 한 이유는 때마침, 미국의 노벨상 수상자 홀리 박사팀의 연구로 이 전달자의 '사슬고리'의 배열 방식이 알려졌기 때문이었다.

전달자는 RNA로서 DNA의 지령서로부터 직접 만들어지는 것이 알려졌다. 즉 DNA의 2개의 사슬 한 편에 쌍의 한쪽이 되는 사슬이 만들어지며, 이때 만들어진 사슬이 그대로 전달자가 된다고 생각했다.

이 전달자인 '사슬고리'의 배열 방식을 알면 당연히 그 지령서에 해당하는 DNA 사슬도 확실하게 추정되고, 그렇다면 이 지령서를 만들 수 있을 것—으로 생각했다.

DNA를 인공 합성할 때 완성된 DNA가 제대로 지령서 역할을 다하지 못하면 '생명합성'의 의의가 없어진다. 그러므로 '틀림없이 지령서가 될 수 있을' 구조를 가진 것을 선택했다.

이 설명으로 알다시피 길고 긴 2개의 DNA 사슬고리의 배열은 좀처럼 직접 알 수는 없다. 설사 배열을 알았다 해도 알려진 부분이 어떤 지령서('자료')인가, 그렇지 않으면 '이사'들의 모임인가 알아내기는 현재로는 불가능하다. 이런 점으로도 '현물이 무엇에 해당하는 DNA인가' 분명한 지령서를 합성하려는 것은 타당한 일이었다.

두 가지 어려움

효모의 알라닌 전달 RNA는 고리가 77개 연결됐다. 그러므로 이 지령서인 DNA는 77개씩의 '사슬고리'가 각각 쌍으로 된 합계 154개의 고리로 돼 있을 것이다. 사슬로는 매우 짧은 부류에 속하며 처음으로 다루는 재료로서는 안성맞춤이었다.

이 정도라면 진보한 유기화학이나 고분자화학에서 쓰는 수법으로 금방 합성할 수 있을 것처럼 생각할지도 모른다. 그러나 그렇게 쉽지 않다.

첫째로, 연결하는 과정에서 사슬고리를 하나라도 틀리면 그 지령서로부터 만들어진 전달자는 아마도 불량품이 돼 원래의 용도에는 쓰지 못한다. 실은 유전병 중의 많은 것이 이러한 사슬고리의 하나가 '틀렸기' 때문에 일어난다.

생체는 대부분 힘들이지 않고 하나도 틀리지 않게 DNA 사슬을 만든다. 그러나 이 작업을 정확한 유기화학 반응으로 시험관 속에서 인공적으로 일으키려면 아주 어렵다.

사슬고리 하나를 붙이는 반응을 시험관 내에서 유기화학적으로 하는데 올바르게 반응하는 율은 높아도 90% 전후에 머물 것이다. 합계 154개의 '사슬고리'를 2열로 연결한다면 올바른 사슬은 아무 주의도 하지 않고 만든 경우 0.9의 150제곱, 즉 0.000011%밖에 만들어지지 않는다.

이래서는 목적이 달성되지 않는다.

어떻게 하면 될까. 1단계씩 제대로 올바르게 반응한 것만을 그때마다 골라내 그다음 반응을 시킬 수밖에 없다.

실제로 코라나 박사팀은 한 반응을 끝마칠 때마다 칼럼 크로마토그래피 따위의 최신식 설비를 사용해 약 2주일을 들여 정제와 추출을 반복했다. 이 반응을 몇백 번씩 해야 하므로 십수 명의 일류 기술자를 거느린 코라나 박사팀조차 5년이 걸렸다. 그 어려움은 짐작이 갈 것이다.

다행히도 사슬이 2개 병행해 붙는(매칭) 성질을 이용해 올바른 사슬이 만들어졌는지를 확인할 수 있었다. 만들어진 2개의 사슬의 양을 꼭 일치시키기 위한 수단이 교묘하게 올바른 사슬만을 골라내는 데도 쓸모 있었다.

그림 3-3 | 한 곳이라도 잘못되면 사슬의 결합이 약해진다

    앞에서 얘기한 것처럼 DNA의 2개의 사슬은 그 고리의 '쌍'이 되는 2개끼리가 A—T, C—G 사이에서 열쇠와 자물쇠처럼 꼭 맞고, 다른 '사슬고리'는 붙지 않는 성질이 있다. 한쪽 사슬에 틀린 종류의 고리가 들어가면 2개를 나란히 붙여도 그 부분만 결합하지 않는다. 한 곳이라도 잘못이 있으면 2개의 사슬 결합은 그 부분이 원인이 돼 아주 약해져, 결국은 정제하는 중에 다시 흩어져버린다. 그러므로 완성품의 양은 줄지만 취할 수 있는 것은 올바른 것이 된다. 물론 어느 부분이 2개 모두 엉뚱한 잘못을 저질러 우연히 쌍이 꼭 맞는 경우도 생각해보지만 그런 확률은 아주 낮아서 문제가 되지 않는다.

두 번째 어려움은 수량(收量)이다. 유기화학 반응에서는 한 가지 반응을 할 때마다 재료가 '감량'된다. 이것은 반응되지 않고 남는 재료가 나오기 때문이다. 효율 좋게 한 반응의 '감량'이 10%로 끝났다고 해도 이 유전자 합성 때는 100g의 재료로 출발해도 최종 제품은 0.01㎎밖에 얻지 못한다.

코라나 박사팀이 만든 인공유전자의 완성품은 전체가 무려 1㎎의 25분의 1인 40㎍이라는 초미량이었다.

생체 속에서 힘들이지 않고 간단하게 일어나는 반응도 이렇게 시험관 내에서 재현해 보면 훨씬 어렵다는 것을 알게 된다.

사슬의 바람기를 막는다

이쯤에서 코라나 박사팀이 어떻게 DNA를 조립했는가를 구체적으로 알아보자.

먼저 사슬고리를 십수 개씩 연결할 수 있게 반응시켰다. 도저히 77개를 전부 단번에는 할 수 없었다. 사슬이 길어질수록 수량이 점점 나빠져 도저히 이 반응으로는 계속하지 못하기 때문이다. 이것을 '1단씩의 반응(스텝와이즈)'라고 한다.

사슬을 하나씩 연결할 때 자칫 잘못하면 사슬고리가 연장하려는 방향과는 다른 방향 끝에 붙을지도 모른다. 사슬 끝은 어느 끝이든 마찬

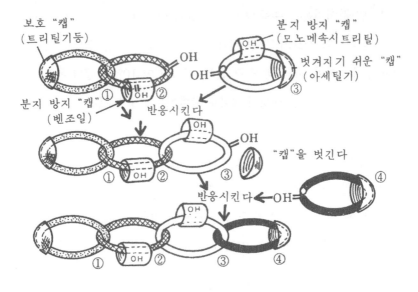

그림 3-4 | '1단씩의 반응'

가지로 원자의 덩어리(산소+수소)로 됐기 때문이다. 그래서 '블록이 일단 완성될 때까지 반응시키지 않으려는' 끝에는 트리틸기(基) 또는 파라메톡시트리틸기라는 튼튼한 '캡'(보호기, 保護器)을 씌워 반응 방지를 도모했다. 또 '사슬고리'의 측면도 보호해 줄 필요가 있다. 자칫 잘못되면 사슬 측면이 쓸모없는 반응을 일으켜 일련의 긴 사슬이 아닌 가지가 나눠진 사슬이 될지도 모르기 때문이다. 아데닌(A)의 측면은 벤조일이라는 '캡'으로, 사이토신(C)의 측면은 모노메속시트리틸의 '캡'으로……

새로 붙이는 '사슬고리'에도 같은 형태의 끝이 2개 있으므로 '우선 이 단계로는 반응시키지 않으려는' 끝에는 아세틸기라는 '벗기기 쉬운

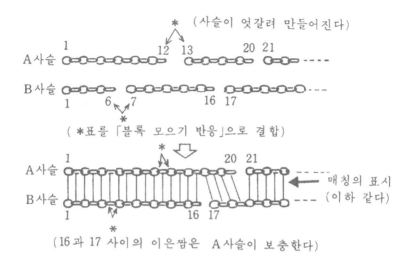

그림 3-5 | '블록 모으기 반응'

캡'을 붙여놓는다.

이렇게 반응시키면 '캡'으로 보호되지 않은 양단만 결합해 사슬이 하나 길어진다. 이렇게 몇 개의 사슬고리를 연결할 수 있는 '블록'을 만든다. '사슬고리' 수는 각 블록마다 수 개에서 십수 개다.

다음에 각 블록을 '블록 모으기 반응(블록 콘덴세이션)'으로 결합한다. 보호하는 '캡'은 '1단씩의 반응'과 같은 방식이다.

이렇게 임시로 2개의 사슬 한쪽을 A 사슬, 다른 쪽을 B 사슬이라고 부르기로 하면, A 사슬은 1~20번, B 사슬은 1~16번까지 다소 긴 사슬이 만들어진다.

여기서 코라나 팀은 다음 순서를 생각해 교묘한 수법을 썼다. 즉 2개의 사슬로 서로의 이은 짬을 다른 편이 보강하도록 일부분씩 잘 겹쳐 '블록'을 만들었다.

〈그림 3-5〉처럼 A 사슬은 1번부터 12번까지, 13번부터 20번까지가 각 블록의 단위다. 쌍이 되는 B 사슬 쪽은 1~6번, 7~16번이 단위였다. 지금 이 각 2개가 '블록 모으기 반응'으로 둘 다 길어졌다. B 사슬의 16번, 17번 사이의 이은 짬은 A 사슬의 13~21번의 사슬이 잘 보강하고 있다. 나중에 두 사슬 DNA로서 완성시키기 위해서다.

그럼 상당히 길어진 A 사슬, B 사슬의 두 종류를 섞고 일단 가열했다가 서서히 식힌다. 그렇게 하면 구성요소의 개개의 고리마다 서로 '열쇠와 자물쇠'의 상대를 찾아 2개의 사슬이 자동적으로 꼭 맞는다. '매칭' 조작이다. 각 사슬고리가 A—T, C—G로 대응됐음은 말할 것도 없다.

조금 빌린 자연의 손길

마찬가지로 '1단씩의 반응'과 '블록 모으기 반응', 그리고 '매칭'의 조작이 겹쳐 각각의 쌍이 긴 사슬을 만드는 데 마음먹은 대로 되지 않는 곳도 생긴다.

예를 들면 A 사슬의 21~40번 사슬과 B 사슬의 31~50번 사슬이 만

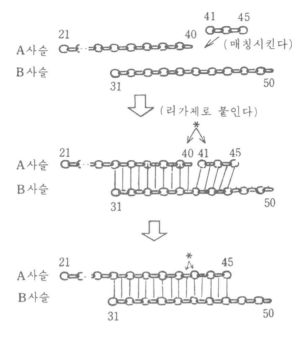

그림 3-6 | 코라나 팀이 빌린 '자연의 손' 리가아제

들어졌다고 하자. 이것을 매칭한다. 그러면 31~40번은 각각 상대 쌍이 있으므로 접속하지만, 그 전후 즉 A 사슬의 21~30번 과 B 사슬의 41~50번은 따로 떨어진다. 또 하나 A 사슬의 46번 이후의 사슬이 만들어져 있으므로 B 사슬 중 따로 떨어진 것을 이것과 매칭하면 된다. 그러므로 문제는 A 사슬의 41~45번에 해당하는 사슬이다. 미리 '블록 모으기 반응'으로 A 사슬의 이 부분까지 잘 붙여놓으면 문제없었겠지만, 유감스럽게도 반응이 진행되기 어려워 이 41~45번이 만들어지지 않았다.

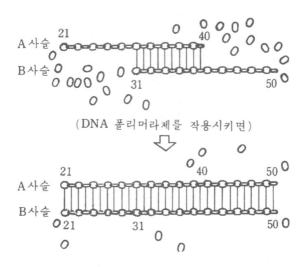

그림 3-7 | 리가아제보다 강력한 '자연의 손' 폴리머라제. 코라나 팀은 이것을 사용하지 않았다

이럴 때 코라나 박사팀은 별도로 만든 A 사슬의 41~45번 사슬과 이미 앞의 반은 A 사슬과 매칭을 마친 B 사슬을 우선 매칭한다. 그 뒤에 A 사슬의 40번과 41번 사이의 단절을 리가아제라는 효소로 연결했다.

리가아제란 DNA가 생체 속에서 일부분이 파손됐을 때 그곳을 수리하는 효소다.

효소는 T4 파지라는 바이러스에서 얻어왔다. 생체로부터 빌린 것이다. 이 단계에서 코라나 박사팀은 순수한 유기화학적 합성만으로 유전자를 만들어보려는 의도를 포기했다고도 생각된다. '결국 엉터리가 아닌가' 하는 사람이 있겠지만 이 정도가 현재로서는 과학의 한계라 생각해야 하겠다.

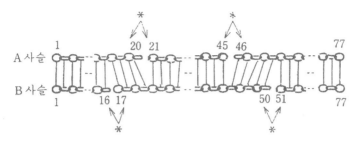

(*표를 각각 리가제로 매칭시킨다)

그림 3-8 | 끝내 77개의 고리를 가진 두 가닥 사슬 DNA가 완성됐다

끊어진 사슬의 상대를 만드는 수단으로 역시 생체에서 빌린 DNA 폴리머라제를 사용하는 방법이 있다. A 사슬과 B 사슬이 매칭한 '반완성품'의 두 사슬 중에 이 폴리머라제를 흩어진 사슬고리와 함께 첨가해주면 올바른 쌍의 상대에게 올바른 고리를 붙여주고 그 고리도 길게 연결돼 사슬을 만든다. 다만 이 효소를 사용하면 이 부분이 바로 앞 장에서 본 '시험관 내 생합성'이 돼버린다. 코라나 박사팀은 단순한 DNA 수복 효소인 리가아제를 빌리는 데만 그치고 사슬을 길게 연결하는 것은 사람의 손으로 했다.

코라나 박사팀은 〈그림 3-8〉처럼 제대로 쌍으로 배열된 3개의 사슬 부분을 만들었다. 각 블록은 A 사슬과 B 사슬의 이은 짬이 조금씩 밀리도록 만들었으므로 이 부분은 매칭이 미완성이었다.

먼저 앞의 둘을 함께 붙이고 새삼스럽게 매칭하는 한편, 앞에서 얘기한 리가아제를 작용시켰다. A 사슬의 1~45번, B 사슬의 1~50번 사슬이 두 줄로 배열된다. 이어 마찬가지로 마지막 사슬을 첨가해 매칭과 리가아제를 반복한다.

이렇게 77개의 사슬고리가 맞보고 붙은 두 줄 사슬 DNA가 완성된 것이다.

분명히 진짜인가?

이렇게 고생해서 만든 DNA지만 진짜인가 어떤가 '검정'하는 일도 쉽지 않았다. 만들어진 유전자가 정말 자연 형태와 같은 것인지 또 결함이 없는지 확인하지 않으면 학문적으로 '유전자를 인공 합성했다'라고 말할 수 없다. 사실 전에도 'DNA를 만들었는데 기능을 발휘하지 않았다'라는 예가 있었다. 코라나 박사들도 그것을 알았으므로 확인하려 했다.

완성한 사슬고리(뉴클레오타이드) 자체는 합성하는 도중에 변질되지 않았는가 어떤가를 유기화학적 기술로 비교적 간단히 알 수 있다. 문제는 사슬의 이은 짬에 집중된다. 여기에는 인원자가 포함된다. 그래서 이 인원자가 제 위치에 들어갔는가 어떤가를 조사한다.

인원자로는 방사선을 내는 인 32나 인 33을 사용해 그 방사선을 표지로 했다. 합성된 DNA를 여러 가지 효소로 잘라보았더니 이은 짬의 인원자가 천연의 DNA와 똑같았음을 알아냈다.

그리고 짧은 사슬이 만들어진 단계나 리가아제를 사용해 긴 사슬이 만들어진 단계, 최종적으로 유전자가 완성한 단계 등 각 단계를 시험했다. 그리고 모두 완전하다는 판정이 나왔다.

그 밖에 포함된 '사슬고리'의 종류, 즉 A, G, C, T의 함유율이 천연과 같다는 것도 확인했다.

실은 이 인공유전자가 생체 중에서 실제로 기능을 발휘하는가 어떤가 확인하고 싶었으나 유감스럽게도 이 시험은 여러 가지 이유로 아직 성공하지 못했다. 적당한 시험 재료—효모라든가 바이러스 등—의 시스템이 갖춰지지 않았기 때문이다.

코라나 팀의 새로운 도전

물론 그렇다고 물러설 코라나 박사팀이 아니었다. 바로 '생체 내에서 통용되는 DNA(유전자)를 만들었다'고 증명하는데 '열쇠'가 되는 생체 내 테스트를 할 수 있는 전달자의 근원이 되는 유전자를 합성해 시험에 착수했다.

만들기보다 그 '검정' 편이 더 어렵다는 느낌이 들지만 가짜가 아님을 증명하기 위해서는 별 수 없었다.

이번 유전자는 '대장균 속에서 티로신이라는 아미노산을 운반하는

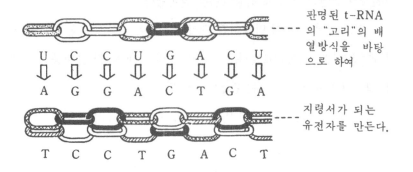

판명된 t-RNA
의 "고리"의 배
열방식을 바탕
으로 하여

지령서가 되는
유전자를 만든다.

그림 3-9 | 생체 내의 실험이 가능한 t-RNA를 바탕으로 DNA를 만들면 진짜인가 아닌가 확인된다

RNA' 지령서다. 이 RNA도 구조는 알려졌다. 그에 대응하는 유전자를
만들면 '지령서'가 될 것이었다.

이런 사정은 효모용 알라닌 전달자든 대장균용 티로신 전달자든 마
찬가지인데 한 가지 큰 차이는 재료가 되는 생물이 효모로부터 대장균으
로 바꿨다는 것이다. 대장균은 20분에 한 번씩 분열하며 효모 같은 껍질
도 없다. 대단히 다루기 쉽고 테스트 결과가 빠르고 분명하게 나온다.

그보다 더 다행한 일은 여러 가지 돌연변이주(mutant)를 갖추고 있
다는 것이다. 돌연변이주란 유전자 일부분이 정상이 아닌 균을 말한다.
'이사'들과 그 '자료'에 잘못이 생겨 '비정상'이 된다. 이 '비정상'균의
일종인 티로신을 잘 운반하지 못하는 것이 생긴다.

전달자는 RNA였다. 티로신이란 아미노산을 전문적으로 나르는
RNA 사슬의 '머리'에는 '티로신만 골라 전달한다'는 '표지'가 달렸다.

그림 3-10 | 열쇠와 자물쇠

'머리'의 '사슬고리' 배열 방식이 '표지'가 된다. RNA의 경우는 고리(뉴클레오타이드)의 종류가 조금 달라서, DNA라면 타이민, 즉 갈색의 고리에 해당하는 것이 우라실로 돼 있다. 그 '표지'의 고리는 A—U—G(아데닌—우라실—구아닌)로 배열된다.

전달자는 이 '표지'를 표적 삼아 메신저 RNA가 유전자로 날라온 '지령서의 카피'에 달라붙는다. '메신저'쪽은 '전달자'의 표지와 꼭 대응되는 표지가 붙어 있다. 이것은 앞에 나온 사슬끼리의 '쌍'과 같은 대응으로 역시 '열쇠와 자물쇠처럼 서로 도킹할 수 있도록 꼭 맞게 돼 있다.

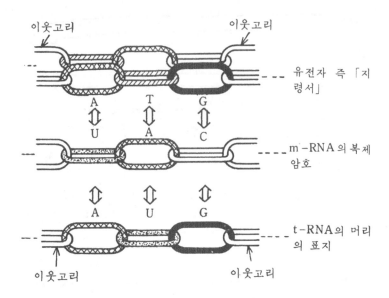

그림 3-11 | m—RNA가 날아온 복제와 대응하는 표지를 갖는 t—RNA가 모인다

구체적으로는 '메신저'인 티로신 전달자가 도킹하는 곳의 지령서(카피)
는 'U—A—C'의 사슬의 배열 방식으로 나타낸다. '메신저'의 지령서 카
피는 이런 암호(코드)의 연속이다.

전달자의 'A—U—G' '표지'(안티코돈) 사이에 U—A, A—U, C—G의
대응이 잘 된다.

(실은 '메신저' 쪽에 티로신에 상당하는 암호로 또 하나 'U—A—G'가 있다. 이
것도 다소 특수한 메커니즘으로 전달자의 'A—U—G'의 '표지'와 도킹할 수 있는데
이런 까다로운 이야기는 생략하겠다.)

전달자의 표지를 바꾼다

불구가 된 대장균에서는 '메신저'의 원천이 된 지령서가 잘못돼 있어 어떤 종류의 단백질을 만들 때, 실은 티로신 메신저를 불러야 할 장소의 암호가 'U—A—C'가 아니고 'U—A—G'로 바뀐다. 'U—A—G'라는 것은 '이것으로 지령은 끝났다. 단백질의 생산 반응을 중지하라'라는 암호다. 당연히 단백질 제조 공장에서는 'U—A—G'라는 암호에 따라 단백질의 제조를 중지한다. 그러므로 암버라고 불리는 이런 '변신'이 된 대장균 속에서는 특정한 단백질 성분으로서 티로신이라는 아미노산이 성분으로 나타나면 그 단백질은 티로신에서 미완성인 채 정지되므로, 살아가기 위해서는 보통 그 결점을 보상하는 특수한 먹이가 필요하다.

이러한 '변신'이 생기면 인공 합성한 유전자가 진짜인지 확인하는 테스트가 가능하다.

람다 파지라는 바이러스가 있다. 세균에 침범하는 바이러스의 일종인데 대장균 속에 들어가기는 해도 균을 파괴하지는 않는다. 이 특별한 바이러스를 사용해 합성한 인공유전자를 이 '변신'균 속에 넣어 보려고 했다.

이 인공유전자로 티로신 전달자를 만들면 '머리'에 붙은 '표지'가 제대로 '변신'이 된 지령서(U-A-G)에 대응하도록 'A-U-C'가 되게 꾸며진다. 불구가 된 대장균용의 '특제'표지다. 이것이라면 '변신'이 된 암호(지령서의 카피)의 'U-A-G'는 원래의 목적대로 티로신 전달자를 불러들일 것이다. 일부러 실수를 이중으로 해 답이 올바르게 되도록 앞뒤를

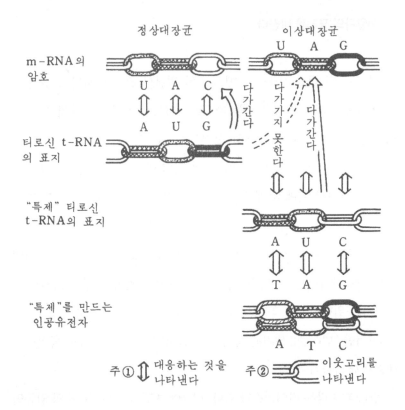

정상대장균   이상대장균

m-RNA의
암호

티로신 t-RNA
의 표지

"특제" 티로신
t-RNA의 표지

"특제"를 만드는
인공유전자

주① 대응하는 것을   주② 이웃고리를
    나타낸다   나타낸다

그림 3-12 | 코라나 팀의 새로운 시도

맞추는 것과 같다. 실은 이 표본이 되는 '이중변신'은 천연으로는 'SU3
플러스'라는 이름으로 알려졌고, 인공유전자는 이 'SU3플러스'의 전달
자의 원천을 본떠서 만들게 된다.

이러한 인공유전자를 넣어주면 실은 '단백질 생산 정지' 암호 'U-
A-G'에도 티로신이 붙어버리는데 단백질의 사슬에는 끝에 티로신이

하나 여분으로 붙어도 잘려져 그다지 영향을 미치지 않는 것 같다. 또 지령서의 '단백질 생산 정지' 명령이 무시돼 한없이 긴 단백질이 생산될 염려는 이 암호 다음에 또 하나 다른 '무의미한 암호(넌센스 코드)'가 들어 있어, 그렇게 되지 않도록 생체 측에서 안전을 기하고 있으므로 우선 걱정이 없다.

그러므로 이 균이 그 후 정상적으로 티로신을 함유한 단백질을 완성하게 돼 특수한 먹이가 필요하지 않게 되면, 반대로 합성유전자가 생체 내에서 훌륭히 통용되는 '진짜'였다는 증거가 된다는 것이 코라나 박사의 구상이었다. 이것이 성공했는지는 다음에 알아보자.

지령소의 소재

물론 성공은 예측할 수 없었다. '특제' 전달자를 만들기 위해 코라나 박사팀의 당초의 합성유전자 사슬만으로는 생체 내에서 전달자를 만들지 못한다는 것은 분명했다. 실은 이미 1971년 여름 코라나 팀은 '특제' 티로신 전달자를 만들게 하는 지령서를 만들어 실험했는데 실패로 끝났다.

나중에 알려졌는데 세포 속에서 티로신 전달자를 만들 때, 처음부터 최종적인 형태가 규모 있게 합성되는 것은 아니다. 먼저 그 '어미'가 되는 길쭉한 원형이 만들어지고, 그 뒤 적절한 곳이 절단돼 최종적인 형태가 된다는 것이다. 원형은 전달자 끝에 45개의 고리로 된 사슬의 '꼬리'가 덤으로 붙는다. 이 '꼬리가 달린' 원형을 균에 넣어주지 않으면 생체 내에서 전달자로서의 기능을 나타내지 않는다.

그래서 코라나 박사팀은 다시 까다로운 합성을 처음부터 시작해(이미 합성한 사슬은 끝이 서로 어긋나 있어 보상하기에더 길게 할 수 없었다) '꼬리 달린' 전달자의 근원이 되는 유전자를 만들어 그것으로 테스트하려 했다.

이밖에 또한 여러 가지로 이 인공유전자가 기능을 나타내지 못하는 것이 아닌가 예상되고 있다. 예를 들면 앞에서 '단백질 생산을 정지하라'라는 암호가 있었는데, 마찬가지로 'RNA 생산을 개시하라'라는 암호도 있을 것이다. 단백질인 경우는 어떤 암호인가 알려졌는데, 전달 RNA인 경우에 어떤 암호가 올바른 신호가 되는지 아직 모른다. 따라서 코라나 팀의 유전자에는 이 암호가 들어 있지 않았다.

생각해 보면 천연 유전자(두 가닥 사슬 DNA) 자체의 '사슬고리'의 배열을 조사해 그것을 직접 흉내 내어 합성한 것이 아니었다—여기에 코라나 박사팀의 연구의 근본적인 약점의 원인이 있었다. 전달자의 배열만이 알려진 단계에서 그 본체가 되는 유전자를 만들려고 했으므로 이런 약점은 각오했을 것이었다. 이런 약점을 극복하는 것은 큰일이다.

대장균의 지령서, 즉 두 가닥 사슬의 DNA는 1개의 길이가 약 3㎜된다. '사슬고리'의 하나의 길이는 0.34밀리미크론이므로 대장균의 DNA 사슬고리는 1,000만 개 가까이 늘어섰을 것이다. 코라나 박사의 인공 DNA 사슬은 고리 수가 77개다. 1,000만 개의 '사슬고리'가 모두 늘어선 배열을 알 필요는 없다 쳐도 그중 어디가 티로신 전달자를 만드는

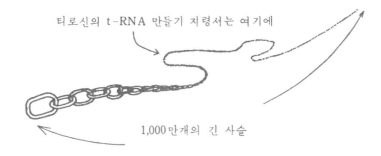

티로신의 t-RNA 만들기 지령서는 여기에

1,000만개의 긴 사슬

그림 3-13 | 티로신의 t-RNA 만들기 지령서의 소재

지령서인가, 그 전후에 'RNA 생산을 개시하라'라는 암호가 어떻게 포함됐는지 알려면 몇 년이나 걸릴 것이 틀림없다. 코라나 박사팀이 약점이 있음을 각오하고 실험을 추진한 것도 이해가 갈 것이다.

이러한 여러 가지 '결점' 리가아제를 생체로부터 빌려 썼다든가, 생체 속에서는 기능을 발휘하지 않을 것이 아닌가 등—이 있었으나 아무튼 인간은 처음으로 유전자를 합성했다.

유전자합성의 의의

이 의의는 어떤 데에 있을까.

뭐니 뭐니 해도 첫째는 '마음대로 유전자를 만들 수 있다'라는 것이다. 인간이 만들려고 하면 어떤 배열을 한 사슬이라도 만들 수 있는 시대에 들어서려 하고 있다. 이것은 단순히 연구상 '해보았다'는 가치만이 아니라 실용적으로도 큰 의의를 가진다.

가까운 장래에 쓸모 있을 예를 들어보자.

당뇨병은 인슐린이라는 호르몬 구실을 하는 단백질(정확히는 사슬이 짧으므로 폴리펩타이드라고 부른다)이 부족해 생긴다. 일생 동안 1주일에 몇 번씩 인슐린 주사를 맞으면서 사는 당뇨병 환자도 많다. 인슐린은 아미노산의 배열 구조도 알려졌다. 그러므로 이 지령서가 되는 유전자를 인공 합성해 신체 내의 적당한 세포에 넣어주면 인슐린이 자꾸 생길 것이다.

적어도 환자가 유전자의 결함으로 인슐린을 만들지 못하는 경우는 한 번만 이러한 유전자 치료를 받으면 인슐린 주사를 맞으러 병원에 다니지 않아도 될 것이고, 인슐린 주사를 못 맞아 죽는 일도 없을 것이다. 코라나 박사팀의 연구가 순조롭게 진행되면 이런 많은 사람이 큰 은혜를 입게 될 것이다.

물론 당뇨병의 유전자 치료가 곧 실현된다고 말할 수는 없으며 이런 목적을 위한 유전자합성에는 몇 가지 장애가 있을 것이 예상된다.

기묘한 대응

첫째 사슬 길이다.

유전자도 사슬, 단백질도 사슬이다. 그런데 유전자의 '사슬고리'(뉴클레오타이드)의 종류는 A, G, C, T(RNA의 경우는 A, G, C와 U)의 네 종류였다. 단백질의 경우는 사슬고리가 아미노산으로 20종류 정도 있다. 아미노산이란 티로신이나 글루탐산류다.

네 종류밖에 없는 뉴클레오타이드가 어떻게 20종류나 되는 아미노산의 지령서가 될 수 있는가는 불가사의하다. 미국의 니텐버그 박사나 코라나 박사팀의 연구로 뉴클레오타이드가 3개 연결해 1개의 아미노산의 신호가 되고 있음이 알려졌다. 즉 유전자 사슬의 지령서는 구성하는 고리 수로 세어보면 단백질보다 적어도 3배는 길다.

실은 유전자의 어떤 고리가 3개 연결된 사슬이 어느 아미노산에 대응하고 있는지 이미 해명됐다. 앞에서 얘기한 대로 메신저 RNA 단계에서 'U-A-C'(U는 우라실)라면 티로신이 만들어진다. 'G-A-A'는 글루탐산이다. 이 '암호'를 통해 단백질을 중심으로 하는 생명 '현상'이 그 '본체'인 유전자와 결합해 대응된다.

덧붙여 말하면 이 대응을 중개하는 것이, 실은 전달자(전달 RNA)다. 전달자는 짐으로 결정된 종류의 아미노산밖에 나르지 않는다. 알라닌용 전달자는 알라닌만, 티로신용 전달자는 티로신만 운반한다. 이를테면 '꼬리'에 특정한 아미노산을 다는데, 그것과는 별도로 '머리'에 짐이 무엇인가 하는 '표지'(안티코든)가 붙어 있다(그림 3-1). 단백질 제조 공장에서는 이 '표지'에 따라 전달자가 날아온 짐을 검사해 식별한다고 생각된다. '표지'가 알라닌이면 알라닌이 필요한 제조 공장으로, '표지'가 티로신이면 티로신을 필요로 하는 곳으로 유도한다. 이렇게 틀림없이

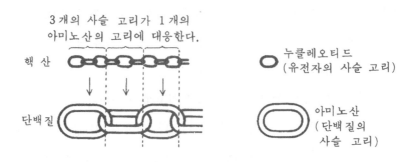

3개의 사슬 고리가 1개의
아미노산의 고리에 대응한다.

핵 산

단백질

○ 누클레오티드
(유전자의 사슬 고리)

아미노산
(단백질의
사슬 고리)

그림 3-14 | 유전자와 단백질과의 대응

생명의 본체인 유전자의 지령 내용이 눈에 보이는 생명현상인 단백질
과 대응되는 구조로 돼 있는 것이다.

인슐린은 아미노산이 51개나 되는 사슬이므로 대응하는 유전자의
사슬은 그 3배인 153개의 고리가 연결됐을 것이다. 전달자의 77개의
무려 2배다.

더욱이 앞의 티로신 전달자 때와 마찬가지로 세포는 먼저 프로인슐
린이라 불리는 사슬의 긴 '원형'을 만들고, 그 뒤 여분의 사슬을 잘라내
인슐린을 만든다고 알려졌다. 이렇게 하지 않으면 완성된 인슐린의 형
태가 잘 맞지 않아 작용하지 않는다. 이렇게 대응하는 유전자의 사슬은
더 길게 늘어날 것이다.

이 인슐린도 실은 앞에서 조금 언급한 것처럼, 정확하게는 사슬은
폴리펩타이드라 불리며 보통 단백질이라 할 수 없을 만큼 '짧은 사슬'
이다. 일반적으로 단백질 행세를 하려면 고리가 수백 개 이상이 되는

사슬이어야 한다. 이때 대응하는 유전자는 300개가 된다. 그러므로 전달자 때의 무려 4배 이상 연결하지 않으면 단백질의 지령서가 되지 못한다.

77개조차 최고로 우수한 과학자들이 5년씩이나 걸렸다. 사슬이 길어질수록 합성하는 반응이 둔화된다. 무슨 교묘한 방식을 찾지 않으면 단백질은 아직 합성할 수 있을 것 같지 않다.

또 다른 장애

인슐린 생산유전자를 쓸모 있게 하기 위해서는 또 하나 큰 장애가 예상된다. 단백질을 제조해 완성하는 데는 '반응 개시'와 '반응 끝' 지령 외에 그 지령서가 되는 유전자가 활동하도록 명령을 내는 다른 기구가 있다는 점이다. 즉 인슐린 제조를 위한 지령서(자료)를 '자료실에서 꺼내와 메신저에게 그것을 복제'시키는 것을 '이사'들이 명령하지 않으면 일체 활동을 시작하지 못한다.

이 '이사유전자'는 프로모터(견제 역할)라든가 오퍼레이터(지휘역할) 같은 구실도 알고 있어서 매우 중요한 유전자다.

이제까지 규명된 것은 구체적인 지령서가 되는 유전자였다. 이를테면 이사들이 사용하는 '자료'의 일부분에 해당되는 것이었다. 따라서 그 '자료'를 복제해 공장에 보내기 위해서는 그것을 지휘하는 '이사'

들에 대해 그 배열을 분명히 하고 그것을 합성해 함께 보내주지 않으면 모처럼의 인슐린 유전자 쪽도 활동하지 못할지도 모른다. 이상과 같은 메커니즘만 추측할 뿐 구체적으로는 어떤지는 아직 오리무중이다.

그러나 혹시 이와 관련해서 학자들이 너무 어렵게 생각하고 있는지도 모른다. 어쩌면 이런 까다로운 '이사 명령' 따위는 필요 없고 그런대로 인슐린이 제조될지도 모른다. 그러나 현재로서는 '뭐라 말할 수 없다'고 할 도리밖에 없다. 예상도 하지 못할 정도로 해명되지 않고 있다.

인슐린 생산을 정말 늘릴 수 있는가 없는가, 제3의 장애로 예측되는 것은 암호의 결정이다. 유전자에서는 A, G, C, T 네 종류의 '사슬고리'가 3개 연결돼 신호(트리플레트라고 한다)를 만든다. 네 종류의 고리로부터 3개씩 골라서 만들어지는 순열이므로 신호의 수는 64종류 있다. 대응하는 아미노산은 20종류밖에 없다. 아미노산 1개에 몇 개인가의 신호가 '겹쳐' 존재한다. 그러므로 인슐린의 아미노산 배열 방식을 알았다고 해도 그 아미노산의 신호로서 어느 것을 선정해야 하는지는 모른다. 이를테면 티로신은 앞의 U-A-U 외에 U-A-C 등의 RNA와 대응한다.

어느 것이든 상관없는지도 모른다. 아니면 그중 어느 하나만이 '그때에는' 옳고, 다른 암호는 안 되는지도 모른다. 이것도 실제 시험해 보지 않으면 모른다고 하겠다.

로이신 등은 신호의 수가 6종류나 있다. '그때에는' 로이신 신호의 정답이 하나만이라고 하면 옳은 신호만을 틀림없이 배열한 유전자의 인공 합성은 도저히 불가능해진다. 전달자는 RNA이므로 이렇게 번거롭지 않다는 것이 코라나 박사팀이 전달자 만들기를 먼저 시도한 중요한 이유였다.

이러한 장애가 몇 가지 예측되는데 어떤 것은 기우라고 밝혀질지도 모르고, 그렇지 않더라도 착착 해결될 징조가 나타나기 시작하고 있다. 더욱이 잘 생각하면 알 수 있는 것처럼, 이러한 장애는 그렇게 큰 벽은 아니어서 어느 정도 넘을 수 있을 것처럼 예측되는 것도 많다. 역설적일지 모르겠으나 갖가지 작은 장애를 구체적으로 지적할 수 있게 된 것도 연구가 그만큼 진척돼 합성을 성공할 시기가 가까워졌다는 조짐이라고 해도 되겠다.

아마 얼마 후에는 트집 잡을 수 없는 인공유전자가 순전히 사람의 힘으로(유기화학적으로) 성공되리라 학자들은 추측하고 있다.

제4장

단백질의 합성

사이토크로뮴 시의 합성

일본 학자가 단백질을 합성하는 데 성공했다는 기사가 1967년 10월 31일자 신문에 보도됐다.

마침 일본에서는 학원 소요로 어수선하던 때였으므로 기억하지 못할지도 모른다. 단백질은 핵산과 더불어 생명을 만드는 대표적인 요소다. 핵산이 생명의 본체라면 단백질은 그것을 구체적으로 실현하는 주체임을 앞에서 언급했다. 단백질의 인공 합성은 생명합성에서 빼놓을 수 없는 단계다. 그것을 세계에서 최초로 성공했다고 했다. 더욱이 학자들로도 갑작스런 발표였으므로 과학계에 큰 선풍을 불러일으켰다.

이것으로 끝났다면 '해피 엔딩'이겠지만 그렇지 않았다. '단백질합성'이라고 한 마디로 말할 수 있지만 사실은 그렇게 단순하지 않았다. 실은 생명에 얽힌 수수께끼의 깊이는 그렇게 단순하지 않다는 것이 흥미롭다. 먼저 이 연구 성과부터 이야기를 진행해 보자.

이 '단백질합성'은 교토 대학 의학부의 사토 교수와 구리하라 대학원생(모두 당시)이 일본 생화학회에 조용히 발표했다.

말 심장의 근육에 있는 사이토크로뮴 시(C)라는 단백질 구조를 표본으로 유기화학적으로 단백질을 합성했다는 것이다. 유기화학적 합성이란 "효소라는 '풀' 따위의 도움을 빌리지 않고"라는 뜻이며, 다시 말을 바꾸면 '생물로부터 빌리지 않고 순수하게 인공적으로' 합성했다는 것이다. 아미노산 정도의 작은 분자라면 전에도 인공적으로 합성했으므

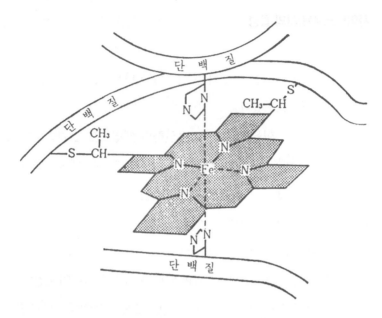

그림 4-1 | 사이토크로뮴 시의 구조, 헴 부분

로 결국 '인간은 여러 가지 원자를 모아 단백질을 만들 수 있게 됐다'는 것을 과시한 것이다. 선풍을 불러일으킨 것도 당연하다.

이보다 7년 전에 미국의 E. 마르골리슈, E. L. 스미드, 오스트레일리아의 H. 태피 박사팀이 이 사이토크로뮴 시의 구조를 밝혔다.

사이토크로뮴 시에는 아미노산만이 아니라 헴이라 불리는 철 원자가 함유된 '부품'이 들어 있어 중요한 구실을 한다. 이 헴을 꺼내거나, 다시 넣어주는 일은 아주 어려운 기술인데 일본 교토 대학팀이 그것을 해냈다는 것이다.

한편 미국의 R. B. 메리필드 박사가 단백질을 합성하는 교묘한 방법을 발견해 1962년 발표했다. '고체상 펩티드합성법(固相法)'이라고 부른다.

교토 대학팀이 사이토크로뮴 시를 합성할 수 있었던 조건이 여러 가지로 갖춰졌다고도 하겠다. 실제로 단백질합성에는 4개월 반이나 걸렸다는 것이다.

사이토크로뮴 시는 생체 내에서 산화, 환원할 때 작용하는 효소다. 아미노산이 104개가 붙어 있고, 분자의 크기는 분자량으로 12,384다. 아미노산이 연결돼 커진 것이 단백질이다. 그 대략적인 기준은 아미노산의 수가 100을 넘거나, 분자량이 1만 이상이 경계라고 하므로 사이토크로뮴 시는 '완전한 단백질'로서 인정할 만한 크기라 하겠다.

사이토크로뮴 시가 존재하는가 어떤가를 조사하는 시험은 여러 가지 있다. 숙신산에 숙신산탈수소효소를 작용시켜 사이토크로뮴 시 중의 철 원자가 3가의 양이온에서 2가의 양이온으로 변하게 하는 것도 그중 하나다. 이 이상 상세한 이야기는 전문적이므로 생략하겠지만, 결국 합성한 단백질은 극히 약하지만 천연의 사이토크로뮴 시와 같은 작용을 나타냈다.

생체 중에는 여러 군데에 '열쇠와 자물쇠'라 불리는 몹시 특별한 관계를 가진 물질이 쌍으로 돼 있다. 면역에서 항원, 항체가 그렇고, DNA의 구성요소인 아데닌-타이민이나 구아닌-사이토신(A-T의 사슬고리끼리, G-C의 사슬고리끼리)의 결합도 그렇다. 마찬가지로 효소와 그것이 작용하는 물질 사이도 '열쇠와 자물쇠'라 하겠다[전문적으로 특이적(特異的)

이라 한다]. 예를 들면 'DNA의 사슬을 길게 연결할 수 있는 효소'는 전혀 단백질이나 당류는 길게 연결시키지 못한다. DNA면 DNA 전용 효소, 단백질이면 단백질 전용 효소가 아니면 소용없다.

합성한 단백질이 천연 사이토크로뮴 시와 '같은 기능을 나타냈다'(이것을 생물학적 활성을 나타냈다고 한다)는 것은 바로 천연 사이토크로뮴 시를 만들었다는 뜻으로 당시에는 일반적으로 이해했다. '열쇠와 자물쇠'에 비유하면 진짜를 닮게 만든 열쇠가 열쇠구멍에 꼭 맞았다는 것과 같다.

사이토크로뮴 시 연구의 전문가들도 이 증거를 보고 '훌륭한 연구성과'라고 크게 박수를 보냈다.

다른 열쇠라도 문은 열린다

그런데 당시의 학자들의 열광에도 불구하고 이 이야기가 '해피 엔딩'으로 끝나지 않은 이유는 무엇일까?

천연 사이토크로뮴 시와 '같은 기능을 나타냈다'는 것이므로 열쇠와 자물쇠의 비유로 말하면, 모조로 만든 열쇠가 열쇠구멍에 꼭 맞아 문을 여는 데는 쓸모 있었던 것은 틀림없다. 그러나 그것만으로 진짜 열쇠와 '같다'고 말해도 될까. 기술 좋은 도둑이라면 철사로도 문을 연다고 한다. 모조한 열쇠가 열쇠구멍에 맞아 문을 여는 데는 쓸모 있을 만한 정밀도일지라도 더욱 엄밀하게 조사하면 '진짜와는 다른 열쇠였군' 하고 실망하게 될지도 모른다. 문제는 여기에 있었다.

비유만으로는 이야기가 정확하지 않다. 단백질로 이야기를 돌리자.

교토 대학팀의 단백질은 104개의 아미노산 사슬 중에서 59번째 고리가 페닐알라닌이었다. 천연의 사이토크로뮴 시에서는 이것이 트립토판이다. 트립토판은 산에 약한데, 합성방법에서는 아무래도 산을 사용하므로 당시의 기술로는 천연의 것과 같지 않았던 것이다. 이를테면 대용품이었으며, 엄밀하게 말하면 그런 점에서만이라도 합성한 단백질은 사이토크로뮴 시가 아니고 그 유사품이었다고 하겠다. 이를테면 '사이토크로뮴 시 아재비'였다.

그리고 이 합성단백질은 완성된 후에 히스티딘이라는 아미노산을 첨가해주지 않으면 생물학적 활성을 나타내지 않았다. 히스티딘은 당시에는 사슬에 접합시키기 어려웠으므로 '진짜의 3분의 1밖에 결합하지 않았을 것이다'라고 교토 대학의 연구자들은 추정했다. 그래서 완성된 합성단백질의 성능을 조사할 때 단백질과는 별도로 테스트 용액에 특별히 히스티딘을 첨가해 보았더니 활성이 잘 나왔다고 했다. 천연 사이토크로뮴 시가 작용할 때는 이것이 불필요하므로 이것으로 '아재비'의 정도는 상당히 증가한다.

히스티딘을 첨가했더니 천연의 사이토크로뮴 시와 같은 작용을 나타냈다는 것도 기묘하다면 기묘하다. '아마 히스티딘으로 합성단백질의 '입체 구조'가 변화했을 것이다'라고 학자들은 설명했다. 조금 이야기가 옆길로 벗어나지만 이 설명은 나중 장까지 중요한 의미를 가지므로 주석을 덧붙이겠다.

단백질은 아미노산의 사슬인데, 많은 경우 긴 끈같이 늘어져 있지 않고 적당히 휘어져 특별한 형태로 접혀 있다. 이를테면 끈을 공처럼 감은 것이나, 전기제품을 새로 샀을 때 코드를 모양 좋게 감은 모양을 상상해 보자. 이것이 '입체 구조'다. 이것이 조금이라도 변하면 단백질의 성질이 보통 현저하게 변한다고 하므로 단백질의 작용에서는 대단히 중요한 일이다.

이 입체 구조는 아미노산 사슬의 배열순서(1차 구조라고 한다)가 정해지면 '저절로' 결정된다. 아미노산을 연결하는 순서는 유전자의 지령서로 결정되므로 일단 사슬이 길어지면 자동적으로 휠 곳은 휘고 꺾일 데는 꺾여 '실공'이나 '전기 기구의 코드'가 만들어진다.

매우 간단한 예이지만 장난감 기차의 레일이 몇 개로 분리돼 상자에 들어 있다고 하자. 레일 중 몇 개는 한쪽 끝에 돌기가 있고, 다른 끝에는 구멍이 있다. 이 돌기와 구멍을 잘 맞춰 레일을 연장해 가면 '저절로' 원이 돼 장난감 기차가 달릴 수 있게 '완성'될 것이다. 아마 아미노산도, 다소 복잡해도 장난감 레일처럼 돼 있어서 순서대로 연결되는 동안에 휘어져 그 단백질 특유의 입체 구조를 만드는 것으로 생각된다.

그러므로 단백질을 구성하는 아미노산이 1개라도 이상하면 완성된 단백질의 전체 형태(입체 구조)가 엉뚱하게 변화해버리는 일이 있음이 알려졌다. 예를 들면 적혈구는 정상인 경우는 둥글게 현미경으로 보인다. 그런데 남방에 사는 인종 가운데는 적혈구가 둥글지 않고 낫 모양

그림 4-2 | 문을 열 수 있었다 해도 진짜라는 증명이 되지는 못한다

적혈구라고 농사에 쓰는 낫 모양(또는 초승달 모양)의 적혈구를 가진 사람이 상당히 많다. 이것은 적혈구 속의 단백질 헤모글로빈의 베타 사슬의 7번째 아미노산이, 정상이라면 글루탐산인데 낫 모양 적혈구를 가진 사람은 발린으로 바뀌었기 때문에 일어난 변화다. 300 가까운 아미노산 중에 단지 1개만 달라도 입체 구조가 엉뚱하게 달라지는 하나의 증거라고 하겠다.

사이토크로뮴 시에 대해 '입체 구조'가 변화했을 것이라고 추정한 것도 이런 예를 생각했던 것이다. 히스티딘을 첨가하면, 설사 결합하지 않더라도 히스티딘이 '있어야 할 곳'에 들어가 단백질 전체의 형태가 서서히 변화해 천연 사이토크로뮴 시를 꼭 닮게됐을 것이다.

그렇게 되자 천연의 것과 마찬가지 작용을 하게 됐을 것이라고 생각했다.

그렇더라도 이 합성단백질의 활성은 천연의 것의 2% 이내였다. 즉 천연 사이토크로뮴 시와 같은 분량이라면 이 단백질은 천연 단백질의 2%만큼밖에 작용하지 않는다. 아주 근소한 활성의 기미만 보여주는 데 그쳤다고도 하겠다. 여기서도 '아재비'의 비율이 증가한다. 교토 대학 팀도 미리 '아날로그'(유사품)라고 전제하고 학술 잡지에 발표했다.

그러나 당시는 이 '아재비'가 가진 의미가 어느 정도 중요한가, 진짜를 합성한 것과 비교하면 어느 정도의 의의를 가지는가 아무도 몰랐다. 합성단백질이 '생물학적 활성을 나타냈다'는 것만으로 이런 핸디캡은 상쇄된다고 평가됐다. 그럼 대체 그 후 어떤 변화가 학자들 사이에 나타났을까. 이것이 생물의 수수께끼를 푸는 데 있어 실로 흥미 깊은 이야기와 연결된다.

구조 결정의 열쇠

단백질은 아미노산이 '사슬고리'가 돼 그것이 길게 연결돼 만들어진 사슬이다. 합성하는 데는, 먼저 그 사슬이 어떤 모양으로 돼 있는지 그 구조를 알아야 한다. 단백질 사슬 속의 아미노산이 어떻게 배열됐는지 먼저 조사할 필요가 있다.

어떻게 조사하는가 하면, 첫째로 그 단백질을 모아서 불순물을 제거하고 정제한다. 다음에 분자의 크기를 잰다. 수소 원자의 무게를 1이라 하고 그 몇 배인가를 분자량으로 나타낸다. '사이토크로뮴 시는 헴을 포함해 분자량 약 1만 3천'이라는 방식이다. 정확하게는 분자의 무게인데, 대체적으로 무게도 크기도 한쪽이 늘면 다른 쪽도 늘기 때문에 분자량은 분자의 크기를 나타낸다고 생각해도 거의 지장이 없다.

세 번째 순서로서는 그 단백질을 효소로 절단한다. 어느 효소는 단백질의 어디를 잘라야 하는가를 대략 알고 있다. 가령 트립신이라는 효소는 아르기닌, 리신 등의 아미노산의 C끝 쪽을 자른다는 식이다. 얻은 몇 개의 단편을 잘 나눠놓고, 각각을 여러 가지 약품으로 사슬 끝의 고리에서 하나씩 떼어낸다.

물론 한 번만으로는 원래의 형태를 추정할 수 없다. 단편끼리의 결합 순서를 모르기 때문이다. 그래서 첫 번째에 트립신으로 단편을 만들었으면, 두 번째는 키모트립신으로 단편을 만든다. 몇 번씩 이 수법을 되풀이하면 퍼즐을 푸는 것처럼 '이 단백질의 아미노산의 배열은 이렇다고 밖에 생각할 수 없다'는 '정답'이 나온다.

미리 말해두지만 이상과 같은 순서로 '정답'을 알 수 있다는 것은 어디까지나 이론적이다. 모든 일은 이론대로 되지 않는 것이 세상만사다. 예를 들면 담배 모자이크 바이러스(TMV)에 포함된 단백질을 분석하려

그림 4-3 | 구조 결정의 어려움

고 처음에 트립신을 작용했다고 하자.

이 바이러스의 단백질은 지금은 잘 알려져 있는데 아르기닌, 리신이 합계 13개가 들어 있다. 트립신을 작용시키면 그 13곳이 끊어져 단편이 14개가 생길 것이다. 그러나 실제로는 보통 12개밖에 나타나지 않는다. 잘 조사해 보았더니 리신의 C끝 쪽에 프롤린이라는 아미노산이 붙어 있으면 거기는 아주 튼튼해서 이 효소로는 끊어지지 않았다. 또 아르기닌이 2개 이어지면 거기도 트립신으로는 잘 끊기지 않는다는 것도 알았다. 이것은 한 예에 지나지 않고 함정은 여기저기에 있었다. 이런 일들을 모르고 '사무적'으로만 분석을 진행하면 기묘한 결과가 나와도 이상하지 않다.

실제로 이 바이러스의 단백질은, 1960년 프랭클—콘래드 팀의 미국 연구진과 슈람 팀의 독일 연구진이 따로따로 구조를 결정했는데 두 팀의 구조는 10개소나 차이가 있었다. 그 차이를 일치시키는 데 2년이나 걸렸는데, 그 후 1965년에도 독일팀은 1곳의 정정을 더 추가했을 정도다. 이쯤 되면 착오가 없겠지 생각하기 쉬운데, 일본의 오카다, 노즈 두 박사가 면밀히 조사했더니, 1970년에 와서야 1곳에 더 잘못이 있음을 찾아냈다.

학자들 사이에서는 처음에 구조를 결정해야 가치가 인정되며, 일단 알려지면 그것을 다시 확인했어도 '추시성공(追試成功)'이라고 확인한 학자의 업적은 거의 평가받지 못한다. 처음에 발견한 학자의 명예를 높여주는 것이 고작이다. 이렇게 싱겁기 때문에 누구나 특별히 필요하지 않으면 보통 남의 추시를 할 의욕이 나지 않는다.

그러므로 구조 결정에 두 팀 이상의 경쟁이 붙으면 초조해져서 성급하게 잘못 짚는 일도 생기기 마련이다. 현재 아미노산의 배열순서가 알려진 단백질은 많지만, 이런 형편이므로 전부 신용하지 못하는 것이 실정이다. 다소 과장해서 말하면 단백질합성의 기틀이 되는 그 구조 결정부터 벌써 의심쩍은 데가 있을 가능성이 있다는 얘기가 된다.

확실한 고전 방식

구조를 밝히는 연구에 어느 정도 의문이 드는 점도 있다는 사실을 미리 머릿속에 담아두고 얘기를 '합성'이라는 원래 길을 따라 진행해 보자.

아미노산은 대략 100개 이상이 연결되면 단백질이 된다. 그러나 사슬이 짧으면 그만큼 합성하기 쉽다는 것도 당연히 생각할 수 있다.

1953년 아미노산이 9개나 연결된 옥시토신이라는 뇌하수체 호르몬을 미국의 듀비뇨 박사팀이 합성했다. 이어 1960년 9개의 아미노산으로 된 브라디키닌이라는 혈압 강하성 펩티드의 합성에 성공했다. 또 1963년 39개의 아미노산으로 된 ACTH라는 뇌하수체(腦下垂體) 호르몬까지 합성했다. 이렇게 아미노산의 수가 적은 편부터 순차로 합성이 성공된 사실도 앞의 이야기를 뒷받침한다.

이런 합성방법은 아미노산 2개를 먼저 연결하고, 거기에 제3의 아미노산을 연결한다는 정통적인 방법이었다. 기본적으로 1930년 M. 베르그만이 생각해 낸 방법을 바탕으로 하기 때문에 베르그만법, 또는 고전법(古典法)이라고 부른다.

아미노산끼리 연결하는 데는 첫 번째 아미노산의 '유기산(有機酸)' 부분에서 산소와 수소를 1원자씩 떼어내고, 제2아미노산의 '아미노기(基)'로부터 수소 1개를 떼어낸다. 떼어낸 산소 1개와 수소 2개는 물(H_2O)로서 취할 수 있고, 뒤에는 '유기산'의 나머지 탄소+산소와 '아미노기'

의 질소+수소 부분이 결합해 '탄소·산소—질소·수소'라는 결합이 생긴다. 이것을 펩티드 결합이라고 한다. 이 펩티드 결합은 아미노산과 결합해 만들어지는 폴리펩타이드나 단백질의 특징이 된다.

고전법에서는 아미노산의 불필요 부분을 보호하는 '캡'(보호기)을 붙이고 나서 펩티드 결합을 만드는 반응을 '액체중'에서 진행한다. 만들어진 것에서 '캡'을 떼어내는 반응을 시킨 후 불순물을 제거하기 위해 정제를 되풀이한다. 이것으로 1단계가 끝나는데 어느 반응도 품과 시간을 잡아먹기 때문에 신중히 하려면 1단계에 1주일 이상이나 걸린다.

또한 아미노산이 몇 개씩 연결돼 사슬이 길어지면 여간해서는 액체에 녹지 않아 더욱 어렵게 된다. 아미노산의 종류에 따라 다르지만 어려운 경우에는 20개 연결하는 데 3년 이상이나 걸리는 일도 있다고 한다. 아미노산 104개의 RNA 분해효소 'T1'을 합성하려고 아미노산을 10개씩 결합한 사슬을 몇 종류를 만들고 그 사슬을 3~4개 연결했더니 드디어 그것을 녹일 만한 액체를 찾을 수 없게 됐다는 이야기도 있다.

견실한 노력의 축적을 필요로 하는 방법이라 하겠다.

품도 시간도 필요 없는 '고상법'

이것과는 달리 메리필드 박사가 고안한 '고상법(固相法)'은 교묘한 방법을 썼다.

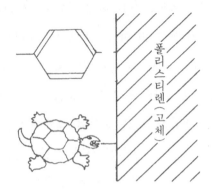

그림 4-4 | 여기저기에 벤젠핵이 붙어있는 폴리스티렌

스펀지 같은 구멍(물론 구멍은 스펀지보다 훨씬 작다)을 많이 뚫은 폴리스티렌은 이곳저곳에 벤젠핵이 결합하고 있다. 벤젠핵은 화학에서 배운 '육각형'이다. 확대하면 〈그림 4-4〉처럼 고체인 폴리스티렌의 '본체'로부터 '육각형'까지 팔이 뻗었다. 이 폴리스티렌에 포함된 '육각형'은 어지간해서는 약품에 녹지 않는다.

이것에 순서적으로 아미노산을 연결한다. 첫 번째 아미노산을 A라고 하면, 먼저 그 한쪽(질소 측)에 BOC '캡'(보호기)을 붙이고 폴리스티렌에 반응시켜 단단히 붙인다. 그 후 아미노산 A에서 캡을 떼어낸다. 다음에 제2의 아미노산 B에 캡을 붙여 반응시키고, 반응 후에 캡을 떼어낸다. 계속 제3, 제4……로 반응시켜 간다.

반응 때마다 불순물이나 미반응의 아미노산을 씻어내야 하는데 반응을 끝낸 아미노산의 사슬은 폴리스티렌으로부터 뻗은 '육각형'의 팔

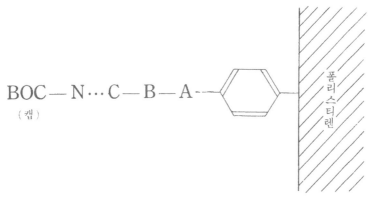

그림 4-5 | BOC의 캡을 씌운다.

에 단단히 붙었기 때문에 씻어내도 떨어지지 않는다. 이렇게 고체로서 반응을 누적해 가므로 '고상법'이라고 이름을 붙였다.

104개의 아미노산을 4개월 반이 걸려 연결할 수 있었던 것은 바로 이 고상법 덕분이었다. 20개의 아미노산을 연결하는 데 3년 이상이나 걸리는 고전법에 비하면 월등히 빠른 속도다.

1969년 메리필드 그룹은 이런 방법으로 RNA 분해효소 'A'(아미노산 124개)를 합성했다. 이 합성 효소(효소단백질의 일종)는 천연 'A'의 20% 정도의 활성을 나타냈다.

오늘날에는 아미노산 몇 개 정도의 사슬이라면 이 고상법으로 학생들도 쉽게 만들 수 있다. 게다가 자동합성 되는 기계도 만들어졌다.

어딘가가 빠졌다

이렇게 단백질의 인공 합성이 상당히 쉽게 가능한 시대에 들어섰다. 그렇다고는 하지만 고상법으로 만사가 잘 되는 것은 아니다.

폴리스티렌에 아미노산 A를 붙인 뒤에 다시 아미노산을 결합하는 반응에서 모든 아미노산 A에 아미노산 B가 잘 반응하는가. 화학 반응에 관한 상식으로 보면 도저히 무리다. 현재로는 99% 정도가 한계가 아닌가 싶다.

대부분은 A—B 결합이 될 것이다. 그러나 그 밖에 B가 붙지 않는 것이나, 폴리스티렌에 직접 B가 붙는 것도 당연히 섞일 것이다. 그 어느 불순물도 씻기지 않고 남는다.

또한 아미노산 C를 결합한 상태에서는 주성분은 A—B—C인데, 그밖에 A—B, B—C, A—C, 그리고 A와 B, C만인 것 등 불순물이 섞일 것이다.

이것을 124번 되풀이하면 어떻게 될까. 올바르게 A—B—C……X까지 124개 배열된 것이 오히려 소수파이고, 태반은 어딘가 빠진 것이 나오는 결과가 되기 쉽다.

또 아미노산의 '사슬고리'도 1개의 고리에 반드시 다음 1개가 붙는다고 할 수 없다. 아미노산 분자에는 가지를 친 구조(측쇄)도 있어 그 부분은 당연히 '캡'으로 보호해 주지만, 드물게 이 '캡'이 벗겨지기라도 하면 사슬은 가지를 치고 뻗는다.

이렇게 돼 100개 이상의 아미노산을 고상법으로 합성하면 역시 대부분이 '단백질 아재비'가 될 것이 틀림없다.

경험 많은 메리필드 박사팀의 실험에서도 본질적으로 '아재비' 요소가 여전히 나왔다. 사노 박사팀의 실험에 비해 '아재비' 비율이 적었고, 그렇기 때문에 활성도 천연의 20%가 돼 훨씬 천연에 가까운 성질을 나타냈지만 '아재비'임에 틀림없었다.

이런 점에서 고전법은 1회마다의 수율(收率)이 90% 정도여서 품이 많이 들고 능률이 나쁘지만, 하나하나 정제해 순수하게 만들어 다음 단계로 진행하므로 안전하다면 안전하다. 미국 메르크 회사의 R. 허슈먼 박사팀은 메리필드 그룹과는 별도로 고전법을 개량해 거의 동시에 RNA 분해효소 'A'S단백질 부분(아미노산 104개)의 합성에 성공했다고 하는데, 이 방법이 천연과 같은 '진짜' 비율이 고상법보다 높을지 모른다.

진짜 열쇠와 가짜 열쇠

고상법으로 만든 효소(단백질)가 천연 효소의 '아재비'인데도 천연 효소와 마찬가지 작용을 하는 까닭은 무엇인가. 그런데 최근에 와서 메리필드 그룹은 개량해 합성 효소의 활성을 천연의 78% 정도까지 상승시켰다고 하며, 그 후에 합성된 라이소자임이라는 단백질은 90%까지 활성을 나타냈다.

모두가 '아재비' 비율이 매우 줄어 천연의 것과 거의 같아졌다고 생각하면 안 된다. 만일 천연과 같은 것이 이 정도 포함됐다면 불순물을 제거하면 결정할 터인데도 78%나 되는 활성을 나타내면서 결정하지 않는 것이 하나의 증거다.

고상법이 발명된 당초의 이야기지만 진짜 단백질이라면 실험에서 깨끗하게 한곳에 피크가 나타나고 아무리 분석 정밀도를 높여도 그 피크가 무너지지 않는데, 합성한 것은 조잡한 실험에서라도 진짜처럼 한곳에 깨끗한 피크가 나타나나 분석 정밀도를 높이는 데 따라 피크가 무너지기 시작해 몇 개의 피크로 분열되는 일이 있었다. 어떤 산이 멀리서 보면 '하나의 산봉우리'로 보이던 것이 가까이 다가가서 보면 봉우리가 여러 개 있었다는 이야기와 같다.

바로 여러 가지 종류의 '아재비'가 뒤섞였다는 증거다. 또한 매우 유사한 것끼리이므로 진짜와 똑같은 것만을 골라내어 정제하는 일이 참으로 어렵다. 현재로서는 나눌 수 없다고 해야 옳다.

그런데도 불구하고 생물학적 활성이 나타나는 것은 아무래도 반응하는 상대(기질) 측에서 원인을 찾아야 할 것 같다.

그래서 생각나는 것은 생물학적 '열쇠와 자물쇠'(특이성)라는 것도 적어도 기질에 한해서만 이야기하자면 그다지 좋은 정밀도가 아니라는 것이다.

사이토크로뮴 시든 RNA분해 효소 A든 효소로서의 기능을 가졌다는 사실은 급소(急所)라고 할 만큼 중요하기도 하고, 또 그렇게 중요하지 않다고도 생각된다.

예를 들면 앞에서 나온 초승달 모양의 낫 모양 적혈구는 능률은 떨어지지만 적혈구 역할을 하는 것은 사실이다.

마찬가지로 적혈구 안의 헤모글로빈은 원숭이에 비하면 아미노산이 하나 다르고, 개와는 10개, 말과는 12개나 차이가 있다. 그런데도 헤모글로빈이든 적혈구든 능률의 좋고 나쁨이 있다고 쳐도 같은 구실을 하는 것은 틀림없다.

메리필드가 합성한 단백질 이 천연의 78%의 활성을 나타냈다는 것은 이렇게 보면 당연하다.

뒤집힌 상식

종래 인간이 합성한 물질은 고전법 방식으로 만든 저분자뿐이었다. 그러므로 종래의 테스트법(생물학적 활성 조사)만으로 충분했다. 활성이 78%라면 '천연의 것과 똑같은 것이 100개 중에 78개 들었다'라고 생각하는 것이 상식이었다.

이를테면 'OX식'으로 100문제가 나온 학기말 시험을 치고 '78점'이란 점수를 얻은 것과 같다. '78문제를 맞췄고, 22문제를 틀렸다'고 추정해도 잘못이 아니었다.

그러나 메리필드의 '고상법'이 나오자 이런 방식은 통용되지 않게

그림 4-6 | 78%라는 의미

됐다. 설사 활성이 천연의 78%였더라도 천연과 완전히 같은 것이 100개 중에 78개가 들어 있고 나머지 22개의 활성이 0이라고 생각할 수는 없게 됐다.

학기말 시험에 '논문식 문제'가 나온 것과 같다. '78점'이라는 성적표를 받았지만 선생님께서 '완전한 정답을 쓴 것은 하나도 없었다'라고 내역을 지적한 것이나 다름없다. 어떤 문제는 아깝게도 계산 실수, 어떤 문제는 답의 단위를 빼먹었고, 어떤 문제는 아예 틀렸다는 것이다. 문제 자체가 'OX식'이 아니기 때문이다.

고상법의 경우로 이야기를 되돌리면 천연과 완전히 동일한 단백질은 거의 없는 것과 마찬가지(이렇게 말하면 다소 지나친 말일지 모르겠으나)인데, 그 대신 '천연 그대로는 아니지만 어쨌든 제 구실을 한다'는 것이 태반을 차지하고 있다. 그중에는 가장 중요한 곳이 틀려 전혀 효소의 능력을 갖지 않는 것도 있을 것이고, 효소의 작용을 나타내는 데 필요한 곳은 잘 합성돼 있어서 천연의 것과 능률이 거의 다름이 없는 것도 있다고 생각된다.

이 '아재비'들은 이때까지의 '상식'과 달라 생물 측에 해당하는 기질로 봐서도 정확하게 채점할 수 없을 만큼 기묘한 '아재비'들이었다. 다시 학기말 시험을 예로 들면, 수학의 해답에서 '답'이라고 쓸 것을 '탑'이라고 썼다든가, 'A+B'를 '⊿+B'라고 쓴 답안지 같은 것이다.

채점하는 선생님께서 '아주 국어 실력이 엉망이군'이라거나 '인쇄 미스 같은 실수로군'이라고 하겠지만 과연 얼마나 감점해야 할지 곤란할 것이다. 설사 좋은 점수를 줄망정 결코 '모범 답안'이 될 수는 없는 것과 마찬가지다.

생물이 아무리 활성 유무의 테스트에서 뛰어난 채점자라고 할지라도 이런 경우에까지 완전무결한 '능력'을 요구하지는 못한다는 것을 가르쳐준다. '이 성적은 합계 78점'이라고 종합 평가하는 것이 고작이다.

앞으로 폴리스티렌에 붙은 아미노산 A에 99.9%까지 아미노산 B가 하나만, 그것도 가지를 치지 않고 붙고, B 이하도 마찬가지 수율(收率)로 반응하게 되면 아미노산 25개 정도의 폴리펩타이드는 거의 정확하게 합성될 것이라는 예측이 나와 있다. 아미노산 124개인 RNA 분해효소 A를 거의 정확하게 만들려면 수율은 실로 99.99999%까지 올리지 않으면 신뢰할 수 없다는 것이다.

달에 몇 번씩이나 왕복해 높은 신뢰성을 자랑하는 아폴로 우주선조차 미국의 전 기술진을 총동원해 제작했는데도 신뢰성은 99.9999%라고 한다. 이보다 1자리 올려야 하는데 그것도 눈에 보이지 않는 분자 반응의 세계에서 말이다. 무슨 굉장한 기술이 발명되지 않으면 거의 불가능하다고 해야겠다. 다만 이것은 어디까지나 천연과 같은 단백질을 목표로 한 이야기다.

인공생물을 만들어낸다는 이 책의 목적에만 한정하면 다만 제구실만 해준다면 목적은 달성된다. 그렇다면 사노 팀이 만들어낸 매우 불충분한 '사이토크로뮴 시 아재비'라도 조금은 쓸모 있을 것이며, 메리필드 그룹이 만든 RNA 분해효소 A라면 문제없을 것이 아닌가.

여기서 단백질의 구조를 조사하는 편에도 상당히 잘못이 있었던 것을 상기하기 바란다. 극단적으로 말하면 대체 정확하지 못한 구조를 바탕으로 합성을 시도한 단백질이 조금 이상하다 해도 기능만 발휘하면 된다―조금 대담한 생각일지도 모르지만 이렇게 생각할 수 있지 않을까.

물론 기질을 지표로 한 생물학적 활성 측정이 정말 생물체 내의 능력을 나타내는지 어떤지를 의심하는 측도 있다. 또한 생물체 내로부터 꺼내서 시험관 내에서 기질로 테스트해 '진짜'라고 판정돼도 많은 분자가 활동하는 물체 내에서는 '아재비'는 기능을 발휘하지 않는 것이 아닌가 하고 추정하는 측도 있다. 무턱대고 '적당히' 쓸모 있다고 하는 단정할 수 없음을 미리 말해두겠다.

전화위복

생명합성과도 관계되는 일이지만 '고상법'으로 일어난 뒤죽박죽은 오히려 생명의 수수께끼 탐구에 큰 암시를 줬다.

첫째로, 단백질이라는 긴 사슬은 어디에서나 마찬가지로 중요한 것이 아니고 자연 부위에 경중이 있다는 사실이 명확해졌다. 급소는 '활성중심'이라고 불리는데, 거기가 무슨 이유로 중요한지 단백질 전체로부터 구명하려는 연구가 다른 분야에서 진행되고 있다. '고상법'의 성과는 이것을 강력히 지원하는 결과가 됐다. 또 이것은 급소 이외의 사슬이 어떤 '보조적'인 역할을 하는지, 그 '보조'가 어떤 필요성, 필연성이 있는가 하는 의문으로 발전, 대단히 흥미롭게 진행되고 있다.

둘째로, 기질이 정말로 생물을 대표하는지 심각한 조건이 붙지만, 생물의 구조가 어느 정도 '적당함'을 가졌다는 시사다. 9장에서도 나오지만, 생명의 기원 최초 단계는 지금보다 훨씬 '적당'했고, 마치 살아 있는지 어떤지조차 분명하지 않은 '생물과 무생물 사이' 같은 형태였지 않았을까 하는 추측도 하고 있다. 자세한 것은 조금 뒤에 살펴보기로 하고, 이런 추측도 '고상법'으로 알려진 '적당함'이 어떤 의미에서는 그 뒷받침이 된다고도 하겠다. 그밖에도 가령 헤모글로빈이나 인슐린 등 많은 단백질이 사람과 소, 말, 돼지 등의 동물과는 조금씩 구조가 다른 데도 역시 아주 똑같은 기능을 발휘한다. 이런 종에 따른 분자의 차이 (분자 진화라고 부른다)를 따져 가면 현존하는 생물도 아직 '미완성'이어서 더 개량의 여지가 있다고 생각된다. 이런 사실도 정말 재미있지 않은 가. 사이토크로뮴 시는 104개의 아미노산 중에서 30개 정도가 바뀌어 도 역시 기능을 발휘한다. 이런 점에서 보면 '적당함'의 연구도 앞으로 진척될 것이다.

셋째로, 사노 팀의 '사이토크로뮴 시 아재비'에 히스티딘을 첨가했 더니 활성이 나타난 것에서도 시사된 것처럼, 사슬이 연결됐다는 사실 이 어느 정도 필요한가, 또 사슬이 어느 정도 절단돼도 단백질은 효소 역할을 하지 않을까 하는 점이다.

실제로, 예전에 고상법의 결점을 보완하는 방법으로 큰 단백질을 적 당한 곳에서 A와 B, 2개의 단편으로 잘라 고상법으로 만든 A'를 천연 의 B와 일단 조합시켜 '정제'하는 실험이 실시됐다. 별도로 고상법으로 만든 B'를 천연의 A와 조합시켜 B'를 '정제'하고, 이렇게 만들어진 A'와 B'를 조합해 보았더니 경우에 따라서는 참 잘 붙고 높은 활성을 나타냈 다. A'와 B'는 사실은 끊겼는데도 연결된 것 같은 기능을 나타냈다. 이 런 사실은 '사슬고리가 연결됐다'는 의미를 밝히는 연구가 앞으로 진행 될 것임을 보여준다.

또한 단백질의 '입체 구조'에 대해서도 흥미로운 암시가 나왔다. 작은 폴리펩타이드라도 고유의 형태를 갖는다는 사실이 알려졌다. 아미노산 하나하나를 연결하는 방식이 형태에 어떠한 영향을 미치는가에 대한 실마리가 될 것 같다.

초능력 효소

고상법은 고상법 나름대로 그 후에도 개량이 계속됐다. 원래 반응속도는 이미 실증된 바와 같다. 고상법의 기술을 어느 정도 높은 수준으로까지 올려놓고 웬만큼 신뢰할 수 있게 한 다음의 이야기이지만, 여러 가지로 생명의 구조를 조사하는 것이 가능하게 될 것이다. 예를 들면 여기저기 중요하지 않은 부분을 생략해 보면, 뜻밖에 중요한 급소를 찾아낼 수 있거나 생략해도 변함이 없는 쓸모없는 장소를 발견하게 되는 일도 생길 것이다. 이렇게 되면 천연의 것보다 활성도가 큰 '초능력 효소'나 천연과 같은 정도의 능력으로 형태가 작은 형, 또한 천연과는 일부러 구조를 다르게 만들어 열에 강한 것이라거나 약품에 침범되기 어려운 것 등을 만들 수 있게 되는 일도 꿈이 아니게 됐다.

고상법의 기술에만 의존하지는 않겠지만 어쨌든 생명의 구조 탐구는 앞으로 더욱더 깊이가 깊어질 것 같다.

실용적인 면을 덧붙인다면 단백질로 만들어지는 각종 약품을 장차 고상법으로 제조하게 될지도 모른다. 이것은 오로지 '미생물을 써서 만드는 것과 어느 편이 싸게 먹히는가' 하는 생산가 문제가 나오면 태반의 약품으로는 승부가 되지 않겠지만 세균으로 만들지 못하는 인간 특유의 단백질에 관해서는 이야기가 달라진다.

가령 인플루엔자에는 좋은 치료약이 없는데 인간은 바이러스에 감염되면 바이러스의 증식을 방해하는 물질을 분비한다. 이 물질은 인터페론이라고 불리며 거의 단백질임이 밝혀졌다. 이 인터페론은 '동물의 종류가 다르면 인터페론 자체의 종류도 달라진다(종 특이성이 있다고 한다). 그러므로 다른 동물의 것은 효과가 없다. 그 대신 인플루엔자가 아닌 다른 바이러스 병에도 효과가 있을 것이다. 러시아(구소련)에서는 인간의 혈액 등에서 모은 인터페론을 약 4만 명의 코에 다 살짝 한번 뿜어 넣었는데도 분명히 인플루엔자에 효과를 보았다고 한다.

고상법으로 싸게 제조할 수 있게 되면 다소 '불순물'이 있든 정확한 사슬이 아니든 간에 인플루엔자에 효과가 있으면 되므로(부작용이 있으면 안 되지만) 겨울에 합성 인터페론의 덕을 크게 보는 '꿈'도 실현될지도 모른다.

제5장

리보솜의 자기 형성

극미의 '거대 기계'

지금까지 해온 이야기는 기본적인 부품이라고 할 수 있는 유전자(핵산)나 단백질에 대한 것이었다. 각각 어려움이 있긴 해도 어쨌든 인공합성이 가능할 것 같은 기미가 보인다.

그런데 이런 기본 부품이 모여 만들어지는 기계는 어떨까. 부품 만드는 것도 큰일인데, 그것을 모아 기계를 조립한다고 하면 얼마나 어려울까—한숨이 나온다고 할 사람도 있겠다. 그 예상이 맞는지 어쩐지 한번 리보솜이라는 '큰 기계'에 대한 연구 성과를 알아보자.

리보솜은 단백질의 제조 공장이다. 모든 생물의 세포 속에 많이 함유돼 있고, 우선 모든 단백질을 생산한다고 해도 될 정도다. 크기는 무려 20 ~ 30밀리미크론이나 된다. 분자량은 생물의 종류에 따라 다르지만 300만에 400만 정도다. 분자의 크기로 말하면, 복잡하다는 단백질이 보통 1만~5만, 드물게 16만도 있을 정도인데 이에 비하면 훨씬 크다. 실제로 이 단백질 제조 공장인 리보솜은 그 자체가 몇십이라는 단백질이 모여서 구성된다.

그뿐만 아니라 리보솜에는 핵산의 일종인 RNA의 사슬이 몇 개나 들어있고, 몇십이라는 이들 단백질과 복잡하게 얽혔다. 구성요소나 그 배치를 보아도 훨씬 복잡하다. '부품이 아니라 큰 기계'라고 말하는 것도 납득이 갈 것이다.

그림 5-1 | 세포 속의 큰 공장

이 기계가 모여 여러 가지 작용을 하는 부품과 '노동자'를 써서 단백질을 생산한다. 작은 세포 속은 마치 큰 공장이나 다름없다. 이 큰 공장의 주요 기계를 만들려는 것이므로 만드는 사람 쪽의 각오도 대단했다.

리보솜의 중요성은 큰 공장의 주요 기계라는 데 그치지 않는다. 어쨌든 생명을 눈으로 볼 수 있다는 것은 생물체의 기본 단위인 세포를 만들고 기능을 발휘하게 하는 단백질 덕분이다. 생명의 '본체'는 아니지만 그 '현상'을 담당하는 단백질을 도맡아 만들므로 세포라는 기업의 주류(主流)가 되는 공장이다. 이제 세포 중에서 아주 중요한 곳을 인공 합성하는 단계에 다다른 것이다.

오뚝이와 메신저

리보솜의 구조에 대해 좀 더 머리에 넣어두자.

기본적으로는 2개의 입자로 됐다. 이제부터 문제가 되는 대장균은 30S의 입자와 50S의 입자다.

이 S란 앞으로 자주 나오지만 단위의 이름이다. 정확하게 말하면 용액에 혼합물을 섞어 원심분리기에 걸렀을 때 혼합물의 침강속도(沈降速度)의 단위인데, 여기서는 단지 '대략의 크기를 나타낸다'고 생각해도 무방하다. 다만 크기 자체가 아니므로 30S와 50S가 결합하면 80S가 된다는 덧셈은 되지 않는다.

그런데 30S의 입자와 그보다 큰 50S의 입자는 생물체 속에서는 단백질 제조 공장이 쉴 때는 흩어져 있다가도 공장이 가동하기 시작하면 둘이 붙는다. 인공적으로는 마그네슘의 용액을 조금 진하게 만들면 둘을 붙일 수 있다.

작은 것과 큰 것이 붙었으니, 이를테면 오뚝이 모양이 된다. '머리'에 해당하는 30S는 납작해지고, '몸통'인 50S는 거의 구형이 되므로 보기 좋은 오뚝이는 아니지만 이것이 하나로 돼 작용한다. 작용하는 내용은 물론 단백질 제조인데, 함부로 괴상한 단백질을 만들지는 않는다. 제대로 설계도가 갖춰져 있다.

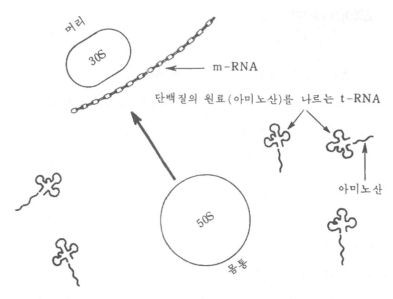

그림 5-2 | m-RNA가 다가오면 '머리'와 '몸통'이 다가가서 단백질을 만들기 시작한다

'생명의 본체'는 DNA, 즉 유전자다. 1장에서 '회사의 이사회(理事會)와 그 자료'에 해당한다고 설명했다. 단백질을 생산할 때는 '이사'들이 설계도를 '자료실'에서 가져와서 그 복제를 만들어 발송한다. 발송한 복제를 전달하는 것은 메신저다. 이 메신저 구실을 하는 것이 RNA이므로 메신저 RNA(m-RNA)라고 부른다. 메신저 RNA는 1개의 사슬이며, 3개의 사슬로 된 고리로 1개의 아미노산을 지정하도록 돼 있다. 이 설계도의 복제를 가진 메신저가 '머리'인 30S의 입자와 결합하면 생산 개시!' 하는 신호가 먼저 인식되고, '몸통'인 50S의 입자가 다가와서 활발하게 단백질 제조를 시작한다. 메신저 RNA가 가진 설계도의 복제에 따

라 아미노산이 순서적으로 연결돼 단백질을 제조한다.

이에 관한 메커니즘은 상당히 상세하게 밝혀져 신기한 이야기도 있지만 원줄거리와는 관계없기 때문에 생략하겠다.

DNA의 '권한 이양'

뜸을 들이는 것은 아니지만 리보솜이라는 '기계'를 만들기에 앞서 '기본 부품' 만들기에 관해 일부 복습하면서 나가자.

단백질합성에서 조금 언급했지만 아미노산을 올바른 순서로 연결해가면 저절로 '입체 구조'가 만들어진다. 바꿔 말하면 유전자의 지령서(설계도)에는 아미노산의 순서에 관한 지령밖에 없고 형태에 대한 지령은 없는데도 불구하고 아미노산 사슬은 '유전자의 지령과는 관계없이 제대로 기능에 적합한 형태를 갖추는 능력을 갖고 있다.'

이것은 중요한 일이다. 세포 주식회사에서는 이사회에 해당하는 DNA는 기본적인 지령밖에 내리지 않는데도 그것을 받은 말단의 제조 현장에서는, 예를 들어 단백질처럼 기본적인 지령에 따르면서도 제법 스스로 '판단'해 작업을 하는 형태를 갖춘다.

그뿐만 아니라 주위의 상황에 따라 유전자의 직접적인 지령이 없어도 입체 구조를 바꾸는 단백질도 있다. 예를 들면 트레오닌이라는 아미노산으로 이솔루신이라는 아미노산을 만들려면 5개의 효소(단백질)가 필요한데, 그중 하나인 '트레오닌디아미나제(아미노基離脫酵素)'라는 효소는 생산물인 이솔루신이 충분한 양에 도달하면 천천히 형태를 바꾼다는 사실이 알려졌다(알로스테릭 단백질이라고 부른다). 단백질 형태의 중요성은 형태가 변하면 그 기능도 달라진다는 것인데, 낫 모양 적혈구의 보기에서 본 대로다.

아마도 이 효소는 이솔루신을 함유하게 되면 부근의 원자들을 밀치고, 밀린 원자들이 다시 다음 원자들을 물러나게 한다—는 식으로 이솔루신 1개가 들어간 영향이 전체에 미쳐 전혀 다른 형태가 되기 때문인 것 같다. 변형하면 이 효소는 전연 기능을 나타내지 않는다. 4장에서 나온 사노 팀의 '합성 사이토크로뮴 시 아재비'는 히스티딘을 첨가했더니 기능을 나타냈다. 아마 '입체 구조'의 변화 때문일 것이라는 상상도 바로 이 경우와 마찬가지다. 아직 천천히 형태를 바꾸는 단백질의 현장을 '본' 사람은 없지만 뱀이 똬리를 고쳐 트는 것과 비슷한지도 모르겠다.

조금 이야기가 옆길로 새지만, 단백질뿐만 아니라 앞에서 나온 메신저 RNA에서도 마찬가지 현상을 보게 된다.

예를 들면 두 종류의 단백질을 만들게 하기 위한 지령을 전달했다고 하자. 그때의 상황으로 봐서 두 종류를 함께 만들게 해도 되는지, 순차적으로 만들지 않으면 곤란한지—하는 '판단'은 메신저 RNA가 유전자의 지시에 따라서가 아니고 스스로 '판단'한다. 두 종류를 동시에 생산할 때는 두 지령서를 모두에게 잘 보이도록 하는 형태를 취한다. 그러나 그중 한 종류를 먼저 만들게 하는 편이 좋을 때는 역시 서서히 형태

그림 5-3 | DNA의 명령도 절대적이 아니다

를 바꿔 그 단백질 제조 지령서만이 보이게 한다. 그것이 완성되면, 아마도 완성된 단백질의 영향이겠지만, 다시 서서히 형태를 바꿔 제2의 단백질 제조 지령서가 보이도록 바뀐다. 이때의 형태도 두 종류의 단백질을 단번에 만드는 형태와는 달라진다. 그러므로 적어도 메신저에는 세 종류의 '입체 구조'의 변화가 있다고 도쿄 대학 이마호리 교수팀이 RNA 파지를 사용한 실험으로 추정했다. DNA가 유전자로서 이사 자격으로 으스대는 것과는 달리, RNA는 '메신저'로 단지 잡부 같은 보조 역할만 하는 것으로 보이지만 결코 그렇지 않다. 말단에서 '회사 운영'에 제법 적극적으로 '머리를 써서' 참여하고 있다는 것이다.

이렇게 세포 주식회사는 이사가 하나부터 열까지 작은 일도 감독하는 것이 아니고 적극적으로 '권한 이양'해 부하의 능력을 십분 활용하고 있다. 이것이 1,000분의 1㎜라는 미소한 세계 속의 일이므로 놀랄 만하다.

스스로 판단하는 부품

학자들도 처음에 유전자의 너무나 방대한 능력과 하부조직에 이의를 내세우지 못하게 하는 절대적 권한을 알았을 단계에서는, 유전자가 '하나에서 열까지' 관리하지 않는가 생각했다. 그러므로 실제로 하부조직이 '자기 운영' 하고 있는 증거가 나오는 데 따라 학자들도 조금씩 머릿속의 이미지를 바꾸지 않았는가 생각된다.

그럼 단백질 생산을 하는 주요 공장의 중심 부분의 큰 기계 리보솜은 이사들의 지령을 어느 정도 받으며 얼마만큼 '자기 관리'를 하고 있는가.

1966년 미국 위스콘신 대학의 노무라 교수팀과 M. 메셀슨 교수팀은 따로따로 리보솜의 재구성에 성공해 세계를 놀라게 했다.

'오뚝이 머리' 30S의 입자를 조금 분해하면 7종류 정도의 단백질과 23S의 입자로 나눠진다. 노무라 팀과 메셀슨 팀은 먼저 모은 '머리'의 덩어리를 둘로 나누어, 한편에서는 7종류의 단백질만을 골라내고, 다른 편에서는 23S 입자만을 모아 정제했다. 이것을 섞어 적당히 조작했더니 원래대로 '머리' 입자가 만들어졌다는 것이다.

오뚝이의 '몸통'에 해당하는 50S 쪽도 마찬가지로 40S의 입자와 몇 종의 단백질로 분해해 그것을 '원래대로' 할 수 있었다.

다시 만들어진 '머리'와 '몸통'은 제자리를 찾아 오뚝이를 만들고 훌륭히 단백질을 생산했다. 일단 분해한 '주요 기계'는 이 정도의 분해라면 유전자의 지시를 기다리지 않고 스스로 원래대로의 기계를 조립한 것이다.

선풍기를 치울 때 날개나 덮개를 뜯어서 청소한다. 일단 분해하면 다시 조립할 때 상당히 고생한 경험을 가진 사람이 있을 것이다. '부품을 대주기만 하면 척척 제자리에 붙었으면' 하고 생각하기도 한다. 세포 가운데는, 적어도 리보솜에 관해서는 그렇게 됐다. 부품을 적당한 곳에 놓는 작업조차 필요 없었다. 이를테면 부품이 스스로 '판단'해 바로 적당한 위치에 스스로 척척 들어가 '이제 분해 작업은 끝났다' 하고 시치미를 떼고 일을 다시 시작하는 것이다.

부품을 섞기만 하면……

이야기는 이것으로 끝나지 않았다. 그 후의 연구 결과는 '오뚝이 머리'인 30S를 완전히 분해하는 데 성공했다. 부품은 16S의 RNA(분자량 60만) 1개를 축으로 20종류의 단백질(분자량 1.5만~6만)이다. 그래서 완전히 하나하나로 분해된 이 부품으로부터 원래대로 '머리'를 만들 수 있는가 어떤가—이것이 다음 목표가 됐다.

RNA 부분만 꺼내는 데는 페놀을 사용한다. 페놀은 단백질을 파괴하지만 RNA는 손상시키지 않는다. 이것으로 16S RNA만 꺼낼 수 있다.

별도로 '머리'의 입자를 요소와 염화리튬으로 처리하면 단백질과 RNA가 분리된다. RNA는 원침법(遠沈法)으로 침전시켜 위의 말간 액 부분에서 단백질만 떠낸다. 어느 쪽으로부터도 단백질을 1종류씩 꺼내 합계 24종류의 단백질을 별도로 모았다. 이중에서 3종류는 리보솜의 단백질이 아님이 밝혀졌다. 나머지 21종류 중에서 2종류는 여러 가지 검사로 같은 종류임이 밝혀졌다. 따라서 단백질은 20종류가 됐다.

이 20종류의 정제한 단백질과 16S RNA를 한 용기에 넣었다. 넣을 때 양의 비율이 문제가 된다. 단백질을 16S RNA의 2배 정도 넣고 부품 부족이 일어나지 않도록 주의했다. 원래 RNA는 단백질의 2배 정도의 양이 되므로 이렇게 하면 과부족이 생기지 않을 것이었다. 단백질끼리의 양의 비율은 분해했을 때 얻은 양에 맞추었다.

이렇게 섞은 부품을 40℃의 온도 속에 30분 동안 방치했다. 어느 정도 온도가 높을수록 부품이 운동하기 쉽게 돼 차지할 위치에 들어서기 쉽다는 이유에서였다.

산, 알칼리의 비율은 중성이거나 다소 알칼리성(pH 7~7.5)이 되게 하기 위해 마그네슘의 용액이나 칼륨의 용액을 넣어 가급적 조건을 좋게 해준 것은 당연했다.

그러자 예상했던 대로 부품을 섞기만 했는데도 '주요 기계' 리보솜이 훌륭히 만들어졌다. 단백질 제조 능력은 천연 리보솜의 32~42%로 다소 떨어졌으나 이만큼 조작을 거듭했으니 상한 부품도 많았을 것이므로 좋은 성적이라고 하겠다. 이 성과는 일본에서 건너간 미즈시마, 오자키, 두 학자가 노무라 교수팀과 협력해 1969년 올렸다.

이 재구성은 부품을 완전히 분리했다가 재구성한 것이므로 '완전 재구성'이라고 부르고, 앞에서 한 것을 '부분적 재구성'이라고 불러 구별한다. 또한 이 동안에 역시 노무라 교수는 P. 트라웁 박사팀과 함께 '머리' 입자에 대해 16S의 RNA와 단백질 부분('완전 재구성'의 경우와 달리 단백질 부분은 그 이상 분리하지 않는다)의 재구성에 성공했고, 이것을 '전체 재구성'이라고 부를 때도 있다. '전체 재구성'은 천연 리보솜의

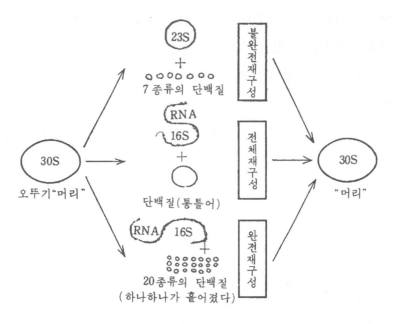

그림 5-4 | 세 종류의 재구성

75~85%의 능력을 나타냈다.

결론적으로, 적어도 리보솜 오뚝이의 '머리'를 인간이 만드는 데 있어서는 지령서에 따라 16S의 RNA와 20종류의 단백질만을 제조하면 '다음은 완성한 부품들이 아주 정확하게 판단해 기계를 만들어버린다'는 것이 알려졌다.

20종류의 단백질 제조도 아미노산을 연결하는 순서만의 지령서일 것이며, RNA에 대해서도 마찬가지다. 그것이 자기가 취할 형태를 취하고, 차지할 위치를 차지해 전체로서 훌륭한 기계가 된다.

이 실험은, 기계에 비유하면 선풍기의 분해 정도가 아니다. 제철소의 압연기(壓延機)의 많은 부품을 물속에 던져 넣기만 하면 저절로 기계가 조립된다는 정도다. 생명의 구조는 이렇게도 교묘히 만들어지게 돼 있다.

단백질의 입체 구조를 바꾸거나 메신저 RNA가 몸을 비틀면서 자기 일을 조절하는 것과 마찬가지 일이 단백질을 만드는 큰 공장에서도 진행된다.

이렇게 생명이 정말로 '분자 부품'으로 교묘히 만들어졌을지도 모른다는 증거를 보니 '생명 있는 것'이라든가 '만물의 영장인 인간'이라고 으스대도 '필경은 메마른 물질의 화학적인 작용의 집합에 지나지 않는다'라는 느낌도 든다. 그러나 이것이 현실이므로 별수 없다. 생물에는 특유한 '무엇'이 있어서 비생물과는 확실히 구별된다는 생각은 더욱더 허무한 꿈이 돼가는 것 같다.

얻은 '머리'의 지도

노무라-미즈시마 팀은 다시 RNA와 20종류의 단백질이 어떻게 결합되는지 그 순서를 밝히려고 시도했다.

그중의 한 방법은 단백질을 1종류만 일부러 빼고 재구성하는 것이다. 그 결과 재구성된 '머리'가, 큰 결함을 가진 입자일수록 빼버린 단백질이 중요하다는 것이 판명됐다.

또 다른 방법은 한 종류의 단백질만을 RNA와 섞는 것이다. 결합하는 능력이 있는지 어떤지 조사해보면 리보솜을 구성하는 기본적인 것인가 아닌가 알 수 있다. 처음에 붙은 것일수록 기본적이고 중요하다고 생각되기 때문이다. 이 테스트에서 2종류의 단백질이 먼저 RNA와 결합하는 것 같다는 것, 그 밖에 5종류는 양은 떨어지지만 결합하므로 어느 정도 기본적인 리보솜의 입체 구조에 관계가 있는 것 같다는 것 등이 알려졌다.

흥미롭게도 첫째 방법과 둘째 방법의 결과는 상당히 일치했다. 입체 구조를 결정하기 위해서는 공헌도가 높은 것일수록 리보솜으로서의 능력에 크게 영향을 미쳤다.

이에 힘을 얻어 미즈시마 박사팀은 '머리'의 30S 입자가 완성되기까지의 순서를 나타내는 '작업 공정표'를 만들기로 했다. 20종류의 단백질에 '겔' 내 전기영동에서 '큰' 것부터 1, 2, 3, ……이라고 번호를 붙였고, 같은 그룹이라도 다른 테스트에서 다르다는 것이 밝혀지면, 가령 3, 3a, 3b, 3c라든가 4, 4a, 4b로 다르다는 것을 나타내는 이름을 붙였다. 이렇게 20종류의 단백질에 대해 갖가지 테스트를 실시해 모순 없는 완성 순서로서의 자리를 잡아갔으므로 그 결과 〈그림 5-5〉와 같이 됐다.

그림에서 굵은 선은 확실한 '지배 관계'를 나타내고, 가는 선은 약하게나마 영향을 미친다는 것을 나타낸다. 선의 방향은 반드시 한 방향이 아니다. 왕복 화살표는 서로 영향을 미친다는 것을 나타낸다. 이런 왕

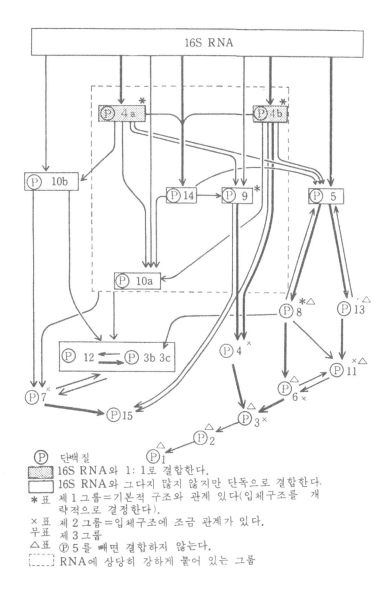

그림 5-5 | 오뚝이의 머리를 만드는 단백질의 순서

복 화살표는 많고 그림 전체도 상당히 복잡하다. 단백질이 반드시 1개씩 독립해 RNA에 동반하지 않는다는 것을 분명히 나타낸다고 하겠다.

어떤 경우에는 단백질끼리 결합한 다음에 그 결합체가 RNA 쪽으로 결합하는 것으로 상상된다.

그러나 한편에서는, 가령 4a와 4b의 2개의 단백질은 매우 기본적인 리보솜의 '대들보'가 된다는 것이 알려졌다. 또 5는 4a, 4b, 14 등의 영향을 받으면서도 상당히 중요한 구실을 하며, 이것이 결합하지 않으면 8, 13, 11, 6, 3, 2, 1이라는 큰 '단백질 가족'이 공장을 만드는 데 쓸모없이 허공에 떠버린다는 것도 밝혀졌다.

따라서 제일 아래에 있는 단백질 1은 그다지 중요하지 않다. 있어도 되고 없어도 큰 영향이 없는 것 같다. 단백질 제조 공장에서는 지령서의 복제를 가져오는 메신저 RNA를 '검문'하는 수위 비슷한 구실을 하는 것 같다.

이런 서열을 보면 인간사회의 히에라르키의 상하관계와 비슷해서 더욱더 비애를 느끼게 된다. 단백질 제조 공장이 만드는 제품, 단백질의 '정확도를 증가'하도록 작용하는, 이를테면 '품질 관리 담당(7번)'이라든가, 노동을 과도하게 강요하지 않도록 항상 감시하고 있는 '노동조합(11.8)' 등도 있어서 설명을 듣다가도 쓴 웃음이 나온다.

그러나 이 책의 목적인 '인공 합성'이라는 입장에서 보면 이러한 '작업 공정표'는 대단히 쓸모 있다. 이런 연구가 진행되면 생략해도 되는 단백질이라든가, 조금 소홀히 만들어도 대략적인 기능을 발휘하는 단백질 등이 알려질 것이다.

또 실용적인 면에서도, 10번은 아무래도 스트렙토마이신의 내성과 관계가 있는 것 같은데, 그런 특성을 연구해 적리균 등이 가진 약제내성(藥劑耐性)이라는 까다로운 성질을 억제할 수 있을지도 모른다.

'몸통'의 수수께끼 풀이

그런데 '오뚝이의 몸통'이 되는 50S는 어떤가. 단백질 제조 공장은 '머리'와 '몸통'이 쌍이 되지 않으면 기능을 발휘하지 못한다. '몸통'도 '완전재구성'될 수 있을까. 원리로만 보면 마찬가지일 것이다.

'몸통' 입자는 조금 클 따름이며 '머리'보다 다소 복잡하지만, RNA는 23S와 5S의 두 가지, 그리고 약 30종류의 단백질로서 거의 '머리'와 마찬가지로 깨끗이 분해된다. 기능은 다소 '머리'와는 다르겠지만 구조는 그다지 다르지 않을 것이라 여겨졌다. 그런데 이것이 잘 되지 않았다. 이런 점이 역시 단순하지 않은 생물의 현상다워서 흥미 있는 점이다.

앞서 이야기한 대로 '몸통'에 대해서는 40S 입자와 몇 종의 단백질로부터 '부분적 재구성'에는 성공했다. 그러나 40S의 입자를 잘 조사해보면 23S RNA와 많은 단백질로 분해될 수 있음이 알려졌다. 40S 입자로 분해했을 때 이미 떨어져 나온 단백질과 그 후 RNA를 꺼냈을 때 분리된 단백질을 합치면 합계 33종 정도가 된다. 이 RNA와 약 30종의 단백질을 혼합해 보았는데 아무래도 잘 되지 않았다.

'머리'는 부분적 재구성하고 난 뒤 완전재구성까지 순조롭게 잘 진행됐으나, '몸통'은 도중에서 차질이 생겨 연구가 진척되지 않았다. 생각해 보면 기묘한 일이었다.

그런데 뜻밖의 계기로 이것이 성공했다. 즉 '몸통'만으로 재구성을 시도해도 잘되지 않는 것을 '머리'와 함께 시도했더니 양쪽 다 잘 재구성됐다. 이 '뜻밖의 성공'을 거둔 것은 도쿄 대학의 미즈노 교수팀이었다. 1970년 가을 수십 번의 실험을 되풀이해 이 결과가 '틀림없다'라는 것을 확인한 뒤 일본생화학회에서 발표했다.

미즈노 팀은 '머리'와 '몸통'을 함께 분해하고 거기에 RNA를 분해하는 효소를 첨가했다. 그러면 단백질 부분만이 남는다. 단백질은 '머리'가 20종, '몸통'이 약 30종이므로 합계 50종류나 된다.

[실험 1] 여기에 16S의 RNA를 첨가한다. 당연히 오뚝이의 '머리'인 30S 입자가 만들어진다.

[실험 2] 다음에는 단백질의 혼합물에 '머리' RNA가 아니고 '몸통'의 구성요소인 23S와 5S 두 종류의 RNA를 첨가한다. 두 종류의 RNA는 모두 '몸통'에 포함되는 것이므로 '몸통' 50S 입자가 나올 것 같지만 실은 아무것도 나타나지 않는다. 몇 번 씩이나 시도해 봐도 마찬가지였다. 이것은 노무라 팀의 보고와 일치했다.

[실험 3] 그래서 미즈노 팀은 이번에는 이 50종류의 단백질의 혼합물 속에 '머리'에서 취한 16S와 '몸통'에서 취한 23S, 5S의 세 종류의

그림 5-6 | 열쇠는 '머리'에 있는가?

RNA를 넣었다.

상식적으로는 '머리'만 만들어질 터인데, 이번에는 '몸통'도 제대로 재구성돼 모습을 나타냈다.

그것도 천연 리보솜의 29%에서 115%(1.15배)라는 훌륭한 능력을 갖춘 '완전한 오뚝이'가 탄생했다.

이것을 어떻게 해석해야 하는가.

성공하지 못한 두 번째 실험과 성공한 세 번째 실험의 차이는 "'머리'에서 취한 16S의 RNA"뿐이었다.

그럼 이 16S RNA가 무슨 작용을 했는가.

미즈노 팀은 이번에는 다음 실험을 했다.

[실험 4] '몸통' 단백질을 꺼낸다. 거기에 '몸통' RNA인 23S, 5S와 '머리' RNA인 16S의 3종을 첨가한다. 16S RNA가 '몸통' 탄생의 '보조 역'이라면 이렇게 하면 '몸통'이 완성될 것이었다.

결과는 여전히 'NO'였다. '몸통'은 그림자조차 나타나지 않았다. 마치 추리소설 같은데, 수수께끼를 풀어보자. 가능성이 있는 남은 정답은 단지 하나일 것이었다.

그럼 정답은?

'머리'도 '몸통'도 각각 RNA와 단백질로 나눠 이것을 섞어서 완전한 원료를 만들면 양편 모두 재구성돼 '오뚝이'가 완성됐다.

그 원료로부터 '몸통' RNA 부분을 빼면 '머리' 입자가 만들어졌다.

거꾸로 완전한 원료로부터 '머리' RNA 부분을 빼면 '몸통'은 만들어지지 않았다.

그렇다고 16S RNA는 '보조 역할'도 하지 않았다.

그럼 처음의 '완전원료' 혼합에서는 어떤 일이 일어났을 것인가.

첫째로, 당연히 '머리'는 완성할 것이다.

둘째로, '몸통'은 '머리' RNA가 들어 있든, '머리' 단백질이 있든 완성하지 않는다.

여기까지 이야기하면 알아차렸을 것이다.

'완전원료' 속에서는, 먼저 '머리' 30S 입자가 스스로의 힘으로 완성할 것이다. 그 '머리' 입자야말로 같은 원료 속에 포함되는 '몸통' 부품들을 제대로 재구성하는 '보조 역할'을 하는 것이 틀림없었다.

머리는 '보조 역할'을 했다고 양이 줄지 않는다. 단순히 도와줄 뿐이다. 이런 성질을 가진 물질을 '촉매(觸媒)'라고 한다. 즉 '머리'는 '몸통'을 재구성할 때 촉매로서 작용함에 틀림없다.

미즈노 박사팀은 당연히 이에 대한 확인 실험을 실시했다. '몸통'을 RNA와 단백질로 나눴다. 그것을 함께 혼합해 주고(그것만으로는 '몸통'이 완성되지 않는다) 여기에 '머리'의 완전한 입자를 조금 첨가했다.

결과는 대성공이었다. 완전한 '몸통' 입자가 완성됐으며, 비로소 "'머리' 입자야말로 '몸통' 재구성의 '보조 역할'을 한다"라고 증명할 수 있었다.

우리는 이렇게 생명을 복제, 유지하기 위한 유전자(핵산) 합성에 성공했고, 한편에서는 여러 가지 단백질을 인공 합성해 RNA와 잘 조합하면 세포 속의 '공장'이 되는 기계는 저절로 만들어진다는 것을 알았다.

그럼 드디어 생명의 최소 단위라고 할 수 있는 바이러스의 인공 합성 이야기에 들어가기로 하자.

제6장

바이러스의 합성

효소와 '씨앗'

그럼 드디어 이 책의 주제가 되는 생명합성에의 본격적인 제일보라고 할 수 있는 바이러스의 합성으로 이야기를 진행해보자. 앞에서도 이야기했지만 바이러스라고 하면 넓은 범위에서는 생물에 속한다. 스스로 증식하지는 못하지만 세포 속에 들어가면 그 '공장'을 완전 가동시켜 증식한다. 생명의 '본체'인 유전자도 제법 갖고 있다. 그러므로 호의적으로 해석하면 바이러스의 합성은 '생명의 합성'이라고도 할 수 있다.

그러니만큼 본격적인 생명합성에의 제1단계를 내딛는 실제 합성이며, 이 합성은 그만큼 어려운 일이다. 이 장에서는 현상은 어디까지 와 있는가, 합성에는 어떤 순서가 필요한가 생각해 보자.

세밀한 사항은 제쳐놓고 개략적으로 생각하면 바이러스는 유전자인 '핵산'과 옷이 되는 '단백질'로 구성됐다. 그러므로 핵산을 합성하고, 단백질을 합성해 그것을 핵산에게 입히면 되는 것이다. 2장에서 이것이 이제 눈앞에 다가왔다고 얘기했지만 그것이 완전한 인공 합성이 못 된다고 한 것은 생물로부터 빌린 것을 사용했기 때문이었다.

핵산을 합성하는 데는 효소가 필요하다. 현재는 그것을 생물체 내에서 힘들게 꺼내서 사용했다. 또한 합성해서 만든 핵산은 시험관 내에서라면 '증식'시킬 수는 있는데, 증식시키기 위해서는 반드시 천연의 바이러스 유전자 '씨앗'이 있어야 했다. 그러므로 2장에서 이야기한 것처럼 생물에서 빌려온 물질을 써서 '생물체 내에서 일어나는 현상을 시험

그림 6-1 | 빌려온 것으로 만들어도 의미가 없다

관 내에서 재현한다'라는 시험관 내 합성에 그치지 않고, 부품까지 유기화학적 합성으로 만드는 '완전한 인공 합성'으로서 트집잡히지 않도록 보강하기 위해서는 몇 가지 일이 더 첨가될 필요가 있다.

첫째로 보강돼야 할 것은 효소의 인공 합성이다. 효소란 몇 번씩이나 되풀이해 이야기한 것처럼 단백질의 일종이다. 4장에서 살펴본 것같이 쓸모 있는 것을 가까스로 유기화학적으로 합성할 수 있는 시대가 됐다. 이것은 상당히 '가망성이 있다'고 한다. 물론 작업으로서는 어렵지만 돈과 시간만 있으면 어떻게든 가능하다고 생각하고 있다.

실험하는 데 둘째로 보강해야 할 사항은 '씨앗'이 되는 핵산이다. 이 것도 유기화학적으로 합성해야 한다.

이것은 어떤가. 3장에서 어쨌든 겨우겨우 합성될 것 같다는 인상을 받았을 것이다. 효모나 대장균 속의 유전자를 합성했으므로 바이러스의 유전자도…… 하는 유추도 나올만하다. 그러나 이것은 실제로 그다지 손을 대지 않고 있는데 그것은 다음과 같은 이유 때문이다.

DNA 바이러스인가, RNA 바이러스인가

유전자는 물질적으로 핵산인데, 핵산에는 DNA와 RNA의 두 종류가 있다. 이중 유전자로 되는 것은 '예외'를 제외하면 거의 DNA이며, 이것이 코라나 박사팀이 합성한 것이다. 그러나 그 '예외'의 대표적인 것이 바이러스로서 바이러스에는 DNA 바이러스도 있지만 RNA 바이러스도 적지 않다. RNA 바이러스의 경우에는 RNA가 유전자가 된다. 2장에서 '시험관 내 생합성'한 파지는 알다시피 RNA 바이러스였다.

또한 RNA는 실은 DNA보다 훨씬 유기화학적 합성이 어렵다. 구조상의 차이 때문이지만 1개의 사슬을 길게 늘어나게 반응시키는 데는, RNA의 경우에는 보호기(캡)를 붙이거나 떼어내는 작업을 훨씬 신중히 해야 한다.

오사카 대학의 오오츠카 박사는 이 까다로운 RNA 합성에서 세계의

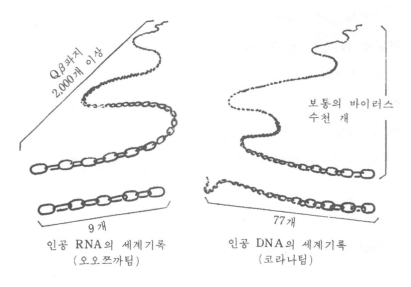

그림 6-2 | 기틀은 어디까지 갔는가

정상 수준에 달한 학자인데 그 오오츠카 박사조차 이제까지 고리가 9개짜리 RNA 사슬을 만든 데 불과하다. 이것이 '세계 신기록'이므로 Qβ파지의 고리를 2,000개 이상의 사슬로 만들려는 것은 먼 장래의 과제라고 말할 수밖에 없다.

물론 이런 점에서는 DNA 바이러스라도 마찬가지다. 코라나 박사의 DNA 사슬은 77개였다. 보통 바이러스의 DNA도 고리가 몇천 개나 되는 사슬이니 말이다.

그렇기는 하지만 유기화학적으로 '씨앗'을 합성하려고 시도한다면 DNA 바이러스를 목표로 하는 편이 훨씬 쉬울 것이라고 생각한다. 그러나 이것을 현 단계에서 학자들이 손대기 싫어하는 이유는, 말할 것도 없이 몇천 개나 되는 DNA의 유기화학적 합성이란 현 단계로서는 '꿈'이기 때문이다.

뒷걸음치는 이유

77개의 고리를 가진 DNA 사슬조차도 합성하기 얼마나 어려운 일이었는가는 장광설을 늘어놓은 대로다. 학자들 간에는 손대지 않을 뿐만 아니라 생각하려고도 하지 않는 경향이 보인다. 왜냐하면 RNA와도 달라 실은 'DNA를 복제하는 메커니즘 자체도 아직 확실하지 않다'라는 이유 때문이다.

RNA의 경우는 비교적 간단하게 그 복제효소가 알려졌고 훌륭하게 쓸모 있다고 증명되기도 했다. 그러나 DNA는 복제효소가 적어도 몇 종류나 되는 것이 확실하며 그것도 수리하는 효소라든가, RNA를 만드는 효소라든가, 2개의 사슬이 쌍으로 된 DNA의 한쪽만을 복제하는 효소 등이 복잡하게 뒤섞여 딱 이것이라고 말할 만한 효소가 여간해서 분명하지 않다는 것이다.

효소의 기능뿐만 아니라 DNA 복제의 메커니즘이 상당히 복잡하다는 것이 알려졌다. 쌍이 된 사슬의 한쪽은 먼저 작은 단편이 복제되고 그 뒤에 결합된다고 여겨진다. 그때 DNA 단편의 앞장을 서서 '안내'하는 RNA가 먼저 합성되고 그 뒤를 이어 DNA가 합성된다. '안내'하는 RNA는 DNA 합성이 순조롭게 진행되면 슬그머니 꺼져버린다—고 하는 것을 일본 나고야 대학 오카자키 교수 팀이 1972년 여름까지 어느 정도 해명해 '오카자키 모델'로서 발표했다.

이렇게 기구가 까다롭기 때문에 아무리 '씨앗'이 되는 DNA 합성이 RNA 합성보다 쉽다고 해도 DNA 바이러스 합성에 대해서는 뒷걸음질 치는 학자가 많은 것은 당연하다.

시험관 내의 생합성에 관해서도 역시 DNA 바이러스는 DNA 복제 효소를 한 종류 꺼내서 씨앗 DNA를 소량 넣어주면 되는, RNA 바이러스처럼 간단한 수법으로는 잘 될 것 같은 예측이 아직 서지 못하고 있다.

그 주요 원인은, 요약하면 DNA가 두 가닥 사슬인 것이 많다는 것, 세포 내의 '주역'인 만큼 여러 가지 효소가 DNA에 관계돼 있는데 그 갖가지 DNA 관계 효소의 역할이 분명하지 않다는 것 —이라고 하겠다.

목표는 '리보솜급' 제패

그러면 현재 바이러스를 합성하려는 연구는 어떤 것이 본류(本流)를 이루고 있는가.

실은 리보솜에서 본 '자기 형성 능력'을 시험하는 것과 어떤 부품의 제조 지령서가 바이러스 유전자의 어느 부분에 들어 있는가를 해명하는 단계다. 바이러스의 종류에 따라서는 자기 형성이 리보솜의 경우보다 훨씬 '쉽다'고 한다.

담배 모자이크 바이러스는 RNA가 단지 1개이고, 단백질도 단지 한 종류다. RNA는 사슬고리(뉴클레오타이드)가 6,500 정도(분자량 22만)다. 단백질은 분자량 2만 미만인 것이 약 3,000개가 벽돌을 쌓아 집을 짓는 것처럼 나선형의 RNA를 둘러싸면서 '쌓아 올라가' 원통형 막대 모양의 바이러스를 만든다.

리보솜 때는 30S의 '오뚝이 머리'조차 RNA 1개와 20종류의 단백질이었다. '몸통'의 50S는 RNA 2개, 단백질이 약 30종류였다.

이런 바이러스 쪽이 부품도 단순한 만큼 훨씬 '자기 형성'하기 쉬울 것이다. 사실은 아주 예전부터 RNA와 단백질만 있으면 완전한 바이러스를 합성할 수 있다는 것이 알려졌다(제2장 참조).

오늘날 학자들이 흥미를 가진 것은 좀 더 복잡한, 이를테면 '리보솜' 급의 복잡한 바이러스다. 제일 흥미를 끄는 것은 T2, T4 같은 박테리오파지일 것이다.

1925년 박테리아를 침범해 죽이는 바이러스가 발견됐다. 파지란 '먹는다'라는 뜻으로 '박테리오파지'라고 이름이 붙여졌다.

여러 가지 박테리오파지가 발견됐으므로 세계의 학자들이 제각기 갖가지 종류를 제멋대로 연구하면 진보가 늦어질 것이기에 1945년 회의를 열어 타입 1, 타입 2……, 타입 7까지 '이름'을 붙여 집중적으로 연구하자고 제의해 파지의 '대표자'를 결정했다. T2라고 할 때는 타입

(형)의 머리 문자다.

그 후 우연하게도 이때 결정한 T2, T4, T6의 '짝수 번호' 파지가 서로 아주 닮았음을 알게 됐다. 아주 정밀한 '열쇠와 자물쇠' 관계를 가진 항원 항체 반응(면역 반응)으로 조사해 보아도 이 세형은 동일 항원(抗原)이라고 간주돼 항체(抗體)에 억제되는 것도 알려졌다.

여기서는 T4 파지를 예로 들어 그 자기 형성과 유전자와의 관계를 추구하는 연구의 최첨단을 소개하겠다.

기묘한 모습을 한 T4 파지

T4 파지의 '생명의 본체' 유전자는 DNA다. 또한 형태가 독특해 머리통이 큰 소금쟁이 같다. 위에서 보면 육각형 모양을 한 '머리'를 가졌다. 그 크기는 지름 약 30밀리미크론이다. 그에 비해 길이는 길어 95밀리미크론 정도이므로 반 정도가 '머리'다. 그 속에 60밀리미크론 정도의 길이를 가진 두 가닥 사슬로 된 DNA의 긴 사슬이 차곡차곡 접혀 있다. 여기서 단위에 주의하기 바란다.

'머리'는 알맹이인 DNA보다 1,000배는 못 돼도 600배나 크다. 새로 산 전기제품에 달린 코드 이상으로 여간 정성들여 잘 감겨 접혔음에 틀림없다.

그 아래에 '칼라'라고 불리는 작은 부품이 붙었다. 와이셔츠의 칼라

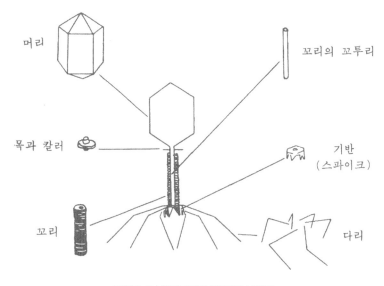

그림 6-3 | 육각머리의 T4 파지 분해도

와 '어원'이 같은 이 칼라 속에 짧은 통 모양의 '목'이 들어 있다.

또 그 밑은 몸통이 없고 대뜸 '꼬리'인데 심과 꼬투리로 나뉜다. 꼬리의 심이 목에 연결돼 튼튼한 구조인데 꼬리의 꼬투리는 아코디언의 늘어났다 줄어들었다 하는 통처럼 수축하는 구조를 가졌다.

이것은 파지가 세균에 붙었을 때 꼬리 밑에 있는 작은 '스파이크'와 거기서 나온 6개의 '다리'(尾毛라고도 한다)로 세균의 외벽에 자신을 꼭 고정한 뒤, 꼬리 꼬투리를 수축해 꼬리의 심을 세균 속에 쿡 찔러 넣기 위해서다. 마치 전체가 자동주사기 같다. 머리 주머니 속의 DNA를 세균 속으로 들여보내기 위한 구조다.

미시세계의 전격전쟁

파지 DNA가 세균 속으로 주입되면 어떤 일이 일어날까. 처음에 일어나는 변화는 세균의 DNA가 분해하는 현상이다.

세균의 DNA란 세균이라는 생물의 '생명의 본체'다. 이것이 깨끗이 당한다. 세포 주식회사의 이사들이 암살되고 '침략자'들인 파지(바이러스)에게 본사의 중추기관이 점령된 것과 같다. 이렇게 되기까지 겨우 2~3분밖에 걸리지 않는다.

염치없게도 '침략자'는 자신의 DNA가 가진 지령서를 차례로 발행하기 시작한다. 먼저 제일 중요한 자신의 DNA를 많이 만들라는 지령을 낸다.

아무튼 세포 주식회사 조직은 이 사실로부터 나가는 지령에 절대 복종한다. 메신저 RNA도, 여러 가지 효소도, 단백질 제조 공장의 리보솜도 그 지령을 받자 활동을 개시한다. 8분에서 10분 정도 지나면 벌써 파지 DNA가 세균 속에 많이 만들어진다.

DNA보다 조금 늦게 파지의 단백질 제조가 시작된다. 파지는 본체인 DNA만 세균 속으로 보냈으므로 머리나 꼬리, 발 등 단백질 부분에 관해서는 직접적인 견본이 없지만 파지 DNA에 설계도가 들어 있기 때문에 지장이 없다. 세포 주식회사의 각 공장은 부지런히 '침략자'의 부품 제조에 열중한다.

머리와 꼬리, 발의 세 가지 큰 부분은 따로따로 만들어진다고 알려

그림 6-4 | 미시세계의 전격 전쟁, 침략은 눈 깜빡하는 사이에 일어난다

졌다. 다소의 늦고 빠른 차이는 있어도 거의 동시에 제조된다. 아마 이 과정은 단위가 되는 단백질이 만들어지기만 하면 다음은 그것이 저절로 모여져 각 부품을 만드는 것으로 생각된다.

머리에 관해서는 주머니가 만들어지면 그 속에 파지 DNA를 채우는 작업이 진행된다. 이 과정에 관해서는 T4를 시험관 내에서 재현하는 데까지 성공하지 못했다.

이와 병행해 꼬리 부분이 조립된다. 먼저 꼬리의 심과 스파이크가 합체하고 그에 꼬투리가 붙는다. 이렇게 머리와 꼬리가 만들어지면 칼라를 끼우고 파지의 주요 부분이 형태를 갖춘다.

이 무렵에는 다리도 조립된다. 6개의 다리가 스파이크에 달리고, 새끼 파지(그렇다고는 해도 크기나 형태는 어른과 같다)가 완성된다.

파지가 대장균에 감염돼 15분이 지나면 벌써 수백 개의 새끼 파지가 대장균 속에 우글거리는 것이 알려졌다. 가엾게도 세포 주식회사는 '도산'해 죽고 세균은 파괴된다. 속으로부터 튕겨 나오듯 수백 개의 파지가 방출되고 각각 다음 희생물인 대장균을 찾아 '침략'해 자손을 늘리기 위해 떠난다. 그때까지 보통 20분밖에 걸리지 않는다.

대장균은 길이 3마이크로미터이고, 파지는 그 15분의 1인 20밀리미크론 정도의 미소세계의 사건인데도 '침략'부터 '파괴'까지의 속도는 무척 빠르다.

파지의 안전장치

R. S. 에드거나 W. B. 우드 등 외국의 T4 파지 연구자들은 이런 메커니즘을 파지 유전자와 관련시켜 해명해가고 있다.

T4 파지의 DNA는 적어도 80개의 유전자를 함유한다. 이때의 유전자란 '설계도'라는 뜻이다. 즉 80종 이상의 단백질(정확하게는 단백질을 함유하는 폴리펩타이드)을 세균 공장에서 만들게 하는 지령서를 갖고 있다. 그중 50개 가까이는 각 부품 제조에 필요하고, 나머지는 파지 DNA를 증식시키는 여러 가지 효소 제조에 충당된다고 생각하고 있다.

에드거나 우드 일행은 여러 가지 돌연변이주(突然變異株)를 써서 파지의 '겹치기 실험'으로 파지 DNA의 어느 위치에 어느 지령서가 존재하는가를 밝혀갔다. '겹치기'란 파지의 유전자를 일부분씩 교환하는 것으로, 이를테면 바이러스의 '혼혈아 만들기'다.

이에 관한 내용은 실은 대단히 흥미진진하며 복잡한 퍼즐을 풀 듯 최첨단의 연구가 어떻게 진행되고 있는가를 아는 것도 재미있지만 직접 관련성이 없으므로 생략하고, 개략적인 보기만 들어두겠다.

다리가 잘 생기지 않아 증식불능이 된 파지 DNA와 머리에 결함이 있어 증식하지 못하는 파지의 DNA를 겹치면 어떤 비율로 완전한 파지가 태어난다고 하자. 한편 꼬리 쪽에 결함이 있는 파지 DNA에 앞서의 두 DNA를 겹쳐 본다. 이렇게 3개의 결함 파지에 대해 완전한 파지가 생산되는 비율을 조사하면 그 비율이 높을수록 두 유전자(설계도)는 멀

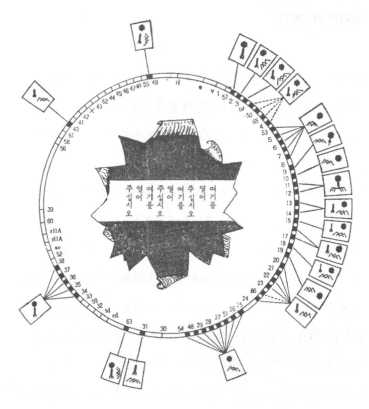

그림 6-5 | T4 파지의 생명 안전장치(우드)

리 떨어져 있다는 것을 알게 된다. 왜냐하면 어디서 DNA의 사슬이 바뀌치게 되는가는 '우연'한 기회이기 때문이다.

이렇게 대체 DNA상의 어디에 어떤 유전자가 들어 있는지 하는 지도(地圖)가 만들어졌다. 놀랍게도 발표된 지도상에서 DNA는 둥근 고리로 돼 있었다. DNA 자체는 하나의 사슬로서 '시작과 끝이' 있었지만⋯⋯.

이것은 몇 가지 실험 결과로부터 추정된 사실인데 DNA 사슬의 시작과 끝은 일종의 안전장치로 된 것 같다는 것이다.

아무튼 파지 DNA의 제조는 10분 동안에 몇백이라는…… 대량생산이다. 적당한 곳을 절단해 다음 DNA 제조에 착수할 것이다. T4 파지 등에서는 그 절단 부분을 분명하고 정확하게 지령해야 할 설계도에 조금 '실수'가 있는지도 모른다.

어쨌든 어느 정도 '제멋대로' 적당한 데가 절단돼 일단 필요한 유전자가 전부 들어 있으면 자손 번식에는 지장이 없는 것이다. 이렇게 보면 T4 파지의 DNA는 어디가 유전자의 시작이고, 어디가 끝인지가 정해져 있지 않다.

포장지를 묶은 테이프에 점포 이름, 주소, 전화번호 등이 인쇄됐다고 하자. 점원이 별로 신경을 쓰지 않고 적당히 잘라서 테이프를 사용하지만 사용할 만한 길이로 자르기만 하면 이 세 가지가 꼭 들어가도록 인쇄됐다고 하자. 또 물건이 든 상자 뚜껑을 여는 부분에 붙인 테이프에도 '여기를', '열어', '주십시오'라고 행을 바꾸어 인쇄했다고 하자. 물건을 산 손님들이 보기에, 이를테면 '주십시오', '여기를', '열어', '주십시오', '여기를'이라고 돼 있어도 '여기를 열어 주십시오'라는 의미를 알아차릴 수 있다.

T4 파지의 DNA는 태곳적부터 이런 전체 길이의 10% 전후에 해당하는 '안전장치'를 발명해 생명의 안전에 이용해 왔다는 것이다.

제멋대로 조립하는 편이 손쉽다?

이상 파지의 조립을 살펴왔다. 이 중에서 어디가 인공 합성하기 쉬운지, 또는 어려운지를 검토하기로 하자.

먼저 각 부품이 만들어진 후 완전한 파지까지 조립은 상당히 쉽다고 해도 된다. 바로 리보솜과 마찬가지로 알고 있는 순서로 섞어주면 자동적으로 파지 조립까지는 진행된다. 부품이 각각 '나는 여기서 이렇게 결합하면 되는구나' 하고 알아서 하므로 쉽다.

주판을 손으로 조립하는 것을 본 일이 있는가. 수많은 주판알을 하나하나 손으로 집어 자릿대에 끼워 넣으려면 야단이다. 어떻게 하는가 하면 알이 많이 든 용기에 자릿대를 꽂아 배열된 본체를 넣어 떠올린다. '우연히' 자릿대의 끝과 알 구멍이 맞으면 알이 자릿대에 들어간다. 이것을 두세 번 되풀이하면 자릿대에 거의 알이 채워진다. 뜻밖에 부품끼리도 이와 비슷한 메커니즘으로 '우연히 만나는' 기회를 놓치지 않고 재빨리 결합하는지도 모르겠다.

앞서 얘기한 부품이 만들어지고 나서 완성 파지에 이르는 조립에서도 남은 것은 머리에의 DNA를 충전시키는 작업뿐 나머지는 시험관 내에서 재현되고 있다.

'다리'나 '머리 주머니' 등 부품 자체의 조립은 어떤가.

이것은 다소 어렵다. T4 파지를 분해하면 DNA와 25종류 이상의 단백질로 나눠진다. 이 단백질이 어디에 어느 정도 쓰이는가를 알아내는 것은 여간 어려운 일이 아니다. 아마 공통된 단백질이 머리나 꼬리, 다리에 사용되고 있기 때문이기도 하겠지만 조립 순서 때문이기도 할 것이다. 전반적으로 거의 다 앞으로 연구해야 할 문제다.

한편에서는 연구자들의 흥미가 DNA와 부품을 관련시키는 데에 집중된 것도 영향이 있다. 하나하나의 부품 조립이 어떤가 하는 것은 '뒤로' 미뤄지고 있다.

마음먹고 돈과 시간을 들이면 부품 자체가 조립되는 데 대한 수수께끼는 풀릴 것으로 예상하고 있다.

실은 이 '마음먹고' 연구하는 일이 그리 쉽지 않다. T4 파지의 DNA 사슬고리가 수천 개 있으므로 현재로서는 합성이 불가능한 실정이다. 단백질에 대해서도 아미노산 배열을 이제부터 조사해야 한다는 것이다.

이렇게 생각하면 아무에게도 트집 잡히지 않고 바이러스를 사람의 손으로 완전히 유기화학적으로 인공 합성 하기란 현실 문제로는 퍽 아득한 일처럼 생각될지도 모른다.

꿈이 아닌 자동합성장치

물론 이것은 현재의 수법을 그대로 연장했을 때 나오는 비관적인 결론이다.

좀 더 발상을 융통성 있게 해 보자.

본질적으로 어디에 어려움이 있는가 하면 'DNA의 긴 사슬 만들기'에 있다. 단백질이나 부품 만들기는 하려고 하면 가능하다고 할 수 있으므로, 초점을 DNA에 맞추고 어디가 중요한가 생각해 보면, 다행하게도 구성 부품인 '사슬고리' 자체는 거의 해명이 끝났다. 그러므로 문제는 고리의 '연결법'임을 알게 된다.

'사슬고리'를 어떻게 정확하게 연결하는가 하는 점에 초점을 맞추면, 고리 하나하나에 대해서는 거의 방법을 알고 있으므로 연결법 하나하나의 단계를 제대로 정확하게 실행해 가능한 한 오류를 고치는 일이 중요하다. 그것이 '방법론'으로서 근본적으로 해결되면 그다음은 그것을 반복하는 데 지나지 않게 된다. 즉 인간의 머리로 방법론을 확립해 주면 구체적인 조작은 '자동화'도 가능하다는 것이다.

그러므로 단백질의 '고상법'과 같은, 그리고 더 한 단계 세련된 자동합성장치를 만들면 '사슬을 연결하는' 장벽은 단번에 해결된다. 물론 컴퓨터에 넣어 '블록' 만들기 일 단계마다 정밀하게 크로마토그래피 등으로 체크해 불합격품은 중간 단계에서 빼낼 수 있다. 이러한 '검정' 능력을 갖춘 기계를 만들어 그 장치로 정확한 완성품을 제조하는 프로그램을 만들어 주면 그다지 어려운 일은 아니다. '어느 정도의 돈과 시간을 들이면 실행 가능'한 예측이 선다고 해도 된다.

일본에서는 신설하기로 검토되고 있는 생물물리연구소에서 그 활동 목표의 하나로서 이런 유전자 자동합성장치를 만들려는 이야기가 나왔을 정도이므로 세계의 어딘가에서 뜻밖에 재빨리 이러한 계획이 구체

화될지도 모른다.

바이러스의 인공 합성에 성공하는 것은 시간적으로 그다지 먼 장래의 일이 아니라는 생각이 든다.

제7장

막의 구조와 합성

고등한 간막이

바이러스까지 쭉 생명의 구조와 그 인공 합성을 살펴본 동안에 등장하지 않은 '까다로운 것'이 있다.

다름 아닌 막이다. '생체막'(生體膜)이라고도 한다.

지금까지의 핵산이나 단백질은 '부품'이었다. 그 '부품'이 자동조립으로 '기계'(공장)인 리보솜 등을 만들었다. 그러나 이들 '기계'나 '공장'을 생명이라는 통일체로 만들기 위해서는 이번에는 '조절 역할'을 하는 부품이 필요하다. '세포 주식회사'로 비유하면 마치 본사와 공장의 빌딩이나 공장의 울타리나 통로, 사무실의 간막이에 해당한다. 이런 역할을 하는 것이 막이다. 대표적인 것이 본사, 공장의 빌딩에 해당하는 세포를 둘러싸는 '세포막'일 것이다. 그밖에 회사나 공장의 울타리나 간막이, 통로와 같은 많은 막이 세포 속에도 여러 군데 나타난다. 이 장에서는 이러한 막의 성질을 알아보면서 그것을 만드는 작업과 중요성을 알아보자.

막이라고 하면 '내용을 둘러싸는'것 뿐 그다지 중요하지 않지 않다고 생각하는 사람도 있을 것이다. 이것은 아주 잘못된 생각이다. '둘러싸는 것'만이라면 세포를 통째로 '비닐'막으로 싸면 어떤가. 세포만이 아니라 생물을 통째로 싸도 마찬가지다. 호흡도 영양도 출입하지 못하게 돼 금방 죽고 만다.

세포 주식회사의 본사나 공장에 있는 빌딩이나 간막이도 단순히 안쪽과 바깥쪽을 구별하고 있는 것이 아니다. 창이나 환기구, 원료, 재료의 출입구나 통로, 수도, 가스의 배관이나 배출물을 내는 출구 등 회사가 활동하기 위해서 필요한 여러 가지 기능을 다하도록 설계됐다.

마찬가지로 생물체 속의 여러 가지 막도 '바깥쪽'과 '안쪽'을 구별하기 위해 '얇은 것'으로 '간막이'를 친—확실히 그 역할도 막으로서는 하나의 중요한 기능인데—것만이 아니다. 한편에서는 알맹이를 둘러싸면서, 동시에 생물의 안쪽과 바깥쪽의 '물질의 주고받기'를 훌륭히 다한다. '생체막'이란 이러한 기능이 있는 것을 말한다.

예를 들면 폐에서는 산소가 흡입되고 이산화탄소가 체외로 배출된다. 그러나 아무리 해부해 봐도 산소의 흡입구나 이산화탄소의 배출구가, 세포가 배열된 폐 속에 따로 있는 것은 아니다. 현미경으로 잘 조사해 보면 산소나 이산화탄소는 폐의 혈관이나 세포의 세포막을 통해 드나들고 있음을 알게 된다.

다짐해두지만 피부는 막 자체가 아니다. 땀이 나오는 것은 한선(汗腺)이라는 구멍을 통해 나온다고 생각할지 모르지만, 현미경으로 조사하면 땀이 '몸 밖'으로 나오기 위해서는 먼저 땀을 만드는 세포의 '세포막'을 통과해 한선의 관으로 들어가야 하는 것을 알게 된다.

혈관 속에 들어간 산소나 영양분도 신체의 말단 세포 속에 도달해 적혈구 속으로 들어갈 때 그 '세포막'을 통과하고 목적지에서 다시 적혈구의 '막'을 빠져나와 필요한 세포의 '세포막'을 통해 그 세포로 들어갈 때까지 도중에서 몇 개의 '막'을 통과해야 한다. 막이 오로지 '둘러싸고' '간막이'일 뿐이라면 산소나 영양분이 이럴 수는 없을 것이다.

이렇게 세균 이상의 '완전'한 생물이라면 어디든지 '막'이 활약한다. 한편에서는 튼튼히 '둘러싸면서' 다른 한편에서는 필요한 것만을 통과시키는'막'— 을 인공 합성하려는 일이므로 큰일이다. 바이러스와는 다른 '고등'한 것에 도전하는 것이다(물론 바이러스라도 종류에 따라서는 막을 갖춘 것도 있지만……).

수수께끼가 가득

그럼 막은 구체적으로 어떤 일을 하는가.

이 항목에서는 세포를 둘러싸는 '세포막'에 우선 이야기를 한정하겠는데, 이 간단한 막은 먼저 '영양분'을 받아들여야 하고, 한편에서는 '노폐물'을 배출할 필요가 있다.

그럼 대체 밖에서 들어오는 '영양분'을 어떤 기구로 '영양분'이라고 알게 되는가.

물론 뭐든지 받아들이는 것이 아니다. 제대로 선택해 '필요한 것'만을 속에 넣는다. 선택성(選擇性)이 있다고 한다. 영양분이 되는 아미노산으로부터도 필요한 것만을 취한다.

세포 속에서도 용액인 암모니아분(암모늄 이온이라 한다) 등의 노폐물은 자꾸 쫓아내지만 칼륨분 등 필요한 것은 성질이 닮았는데도 내보내

그림 7-1 | 막의 불가사의(선택성)

지 않는다.

이러한 교묘한 기구를 어떻게 설명하면 될까. 막에 작은 구멍이 뚫려 있어서 그 구멍을 통과할 수 있는 크기만 통과시키는 걸까.

아미노산을 통과시킬 때도 아미노산의 크기에 따르지 않고 '필요한 것'을 선택한다. 또 노폐물을 내보낼 때도 암모니아 쪽이 칼륨분(칼륨이 물에 녹은 형태)보다 훨씬 큰데도 암모니아만을 선택해 세포 밖으로 버리고 작은 칼륨분은 통과시키지 않는다. 단지 작은 '구멍'이 뚫린 '간막이'만 생각해서는 도저히 설명하지 못한다.

그림 7-2 | 막의 불가사의(능동수송)

또 막은 더욱 흥미 깊은 성질을 가지고 있다.

세포 밖에 세포가 필요한 영양분이 왔다고 하자. 그러나 밖에 온 것이 매우 소량으로 농도도 훨씬 묽다고 하자. 실은 세포 속에는 그 '필요한 것'이 듬뿍 들어있는 경우도 가끔 있다. 우리는 과학을 공부할 때 '삼투압'의 원리를 배웠다. 이에 의하면 농도가 작은 쪽에서 농도가 큰 쪽으로는 영양분은 절대로 이동하지 않는 다. 그런데 이런 경우에라도 세포는 막을 통해 그 '필요한 것'을 탐욕스럽게 받아들인다. 마치 물을 낮은 곳에서 높은 곳으로 역류(逆流)시키는 현상으로 이따금 '펌프'에 비유된다. 단순히 '많은 쪽에서 적은 쪽으로' 보내는 수송이라면 수동적인 작용으로도 가능하지만 이 '펌프' 작용은 그렇지도 않다. 막의 이러한 '능동수송(能動輸送)'은 실은 수수께끼에 찬 흥미로운 현상이다.

이 기묘한 '펌프' 작용은 세포에서는 매우 보통이다. 예를 들면 적혈구 안의 칼륨분의 농도는 적혈구 막의 바깥쪽 혈액 속에서보다 훨씬 높지만 그래도 칼륨분을 들여보낸다. 반대로 나트륨분은 밖보다 낮은데도 막을 통해 나트륨분을 밀어낸다. 칼륨과 나트륨은 원소의 성질이 아주 닮았는데도 결코 틀리지 않을 뿐만 아니라 필요하면 들여보내고, 필요 없으면 밖에 많이 있어도 밀어낸다.

그밖에 막에는 굉장한 능력이 있으므로 좀 더 소개하겠다.

인간의 뇌에는 '신경 세포'라는 세포가 있어 뇌기능의 주역이 되며, 뇌 외부까지 '신경세포'의 일부가 섬유처럼 길게 나와 있다. 이것이 '신경섬유'인데 몇십 ㎝나 된다. '신경 섬유'는 인간뿐만 아니라 생물에서는 전반적으로 '생명유지를 위한 생명선'이 돼 정보를 항상 전기 신호의 형태로 전달하는데, 이 통신 작용을 하는 것은 실은 세포 자체가 아니고 '신경세포막'임이 알려졌다. 오징어의 신경을 사용한 실험에서는, 이때 일순간—1,000분의 1초라는 짧은 시간에 막이 나트륨분을 통과하기 쉽게 변화하고, 다음 순간에 다시 원래대로 되돌아간다고 알려졌다. 이 '변신(變身)'의 정도는 나트륨분에 대해서만 500배에 이른다. 이 일순간의 '변신'(흥분이라 부른다)이 전기신호가 되는데, 어쨌든 이 '변신' 하는 동안에 칼륨분이나 염소분에 대한 '투과성'은 전연 변함이 없으니 불가사의하다.

또 세포를 납작한 그릇에서 배양하면 자꾸 불어나서 납작한 그릇의 바닥에 가득 차버린다. 그런데 가득 차면 그 세포는 더 불지 않는다. 이중, 삼중으로 겹쳐 쌓이지 않고 이웃 세포와 붙으면 증식을 중지한다. 막이 세포 속과 밖의 정보 교환 기능을 갖는 것이 아닌가 생각된다. 간접적인 증거로 '암세포'를 들 수 있다. 암화한 세포는 이런 접촉에 의한 증식 억제(conduct inhibition)가 없고, 최근에 와서는 '암세포의 막이 보통세포의 막과 다르다'는 증거도 나타났다. 아직 확실하지 않지만 암세포는 '막'이 이상하기 때문에 '그칠 새 없이 증식하는'지도 모른다.

또 다른 기능이지만 뼈의 세포와 간장의 세포를 같은 그릇 안에서 배양하면 점차 같은 세포끼리 모인다. 이것도 '막'의 차이를 인식해 같은 것끼리 세포 스스로 판단하는 것으로 여겨진다.

이야기가 나왔으니 심장의 근육이 되는 부분의 세포를 그릇에서 배양하면 그중 한 세포가 하나 수축되는 것을 '신호'로 모두 일제히(엄밀하게는 매우 조금씩 늦게) 수축되는 것도 알려졌다. 심장의 두근거림은 근육 세포들 자체의 '신호'로 일어나는 것이다. 여기서도 막을 통해 정보의 교환이 이루어지는 것이 틀림없다.

다른 관점으로 보면 이 몇 가지 예로부터 막이 생물의 기관이나 조직을 만드는 데(分化) 밀접한 관계가 있음을 알게 된다. 더 직접적인 증거가 있는데, 예를 들면 성게의 알을 수정하면 미수정 때는 거의 없었던 '펌프' 작용이 나타나 칼륨분을 자꾸 받아들인다. 5시간 후에는 미수

정란의 5배 이상이나 되는 칼륨분을 흡수한다.

이렇게 '막'에 관한 수수께끼는 많다.

이에 대해 진지하게 연구하려는 경향이 높아지고 있다. 이제는 기술 수준으로도 분자 수준의 물질 단계까지 막의 수수께끼를 추구할 수 있을 만큼 여러 가지 기계나 기술이 갖춰졌기 때문이기도 하다.

세포막을 포함해 세포의 '바깥쪽'을 알아보려는 경향, 바꿔 말하면 세포막과 세포 밖(외계)과의 관계를 연구하는 생물학이 전문 영역으로 확립돼 가고 있다. '엑토바이올로지'(엑토는 밖이라는 뜻)라는 단어가 학자들 간에 '유행'하고 있는 것도 좋은 예다.

이렇게 세포막은 '흥미로운' 대상이지만 역시 쉽게 풀리지 않을 '까다로운' 대상이기도 하다.

막투성이

이제까지 주로 '세포의 안과 밖을 가르는 막(세포막)' 이야기를 했는데, 세포막만이 중요한 막이 아니다. 고등동물의 세포에는 핵이 있다. 세포 주식회사의 본사 격이다. 본사가 훌륭한 울타리로 둘러싸인 것처럼 핵 주위에도 막이 있다. '핵막(核膜)'이다.

그뿐만 아니라 세포 속에는 막이 곳곳에 가득하다.

5장에서 이야기한 리보솜은 대개 세포 속의 소포체(小胞體)라는 부분

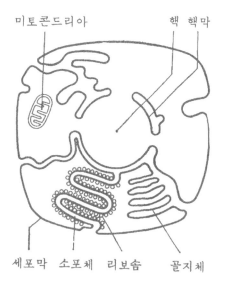

미토콘드리아   핵   핵막

세포막   소포체   리보솜   골지체

그림 7-3 | 막투성이인 세포

에 붙어 있다. 이 소포체도 막투성이다. 전체가 막 구조를 이루고 있다. 보통 리보솜은 그 바깥에 붙었다. 이 막은 수송 파이프 구실을 한다고 여겨지지만 앞서 언급했던 '오뚝이형'의 리보솜과 어떤 관계인지 궁금하다. 세포의 바깥쪽에 어떤 약제를 접촉시키면 불과 몇 분 후에는 리보솜의 '오뚝이 머리(30S 입자)' 속의 RNA가 1개소 끊어진다는 보고가 나와 있다. 놀랄 만한 속도인데 이 약제는 소포체 등의 막을 통해 '신호'를 전달하는지도 모르겠다.

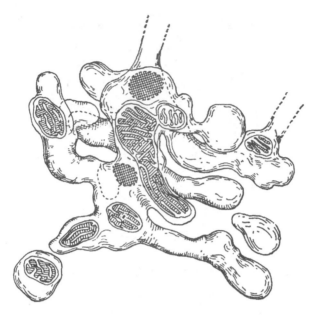

그림 7-4 | 막이 뒤엉킨 미토콘드리아

이 밖에 세포의 기관 중에는, 가령 세포의 에너지원 제조 공장인 미토콘드리아든, 식물의 광합성을 담당하는 엽록체든 바깥쪽은 막으로 둘러싸여 있을 뿐만 아니라 안쪽까지 주름 잡힌 막이 들어가 있는 것이 적지 않다. 각각 독특한 막이 그 기관들의 '활동장'을 제공하면서 적극적으로 돕고 있는 것이 분명하다.

막이 생명체 내에서 이렇게 중요한 역할을 한다는 것을 먼저 이해한 다음에 그 구조나 기구 및 그 인공 합성이라는 본제로 들어가 보기로 하자.

인공 '흑막'

막은 굉장히 얇다.

종류에 따라 다르지만 두께 약 6~10밀리미크론이다. 100만 장 겹쳐 겨우 1㎝가 될까 말까 하니 얼마나 얇은지 상상하기 어렵다. 그 얇은 것에 놀라는 동시에 '그렇게 얇은 것이 용케도 여러 가지 작용을 한다'고 새삼스럽게 감탄하게 된다.

그것은 그렇다 치고 대체 그렇게 얇은 막을 인공적으로 만들 수 있는가. 막만은 만들려고 하면 만들 수도 있다.

벌써 60년 전부터 막에는 지질(脂質)이 많다고 알려졌다. 지질이란 개략적으로 말하면 '기름기'다. 이 '기름기'의 일종인 '인지질'을 물과 섞어 잘 저으면 희고 혼탁한 액이 된다. 그대로 방치해두면 다시 '물과 기름'으로 나눠지지만 혼탁할 때 상당히 큰 음파(音波)를 충돌시키면 인지질의 분자가 몇 개 모여 작은 주머니가 만들어진다.

지질을 리피드, 작은 주머니를 좀이라고 하므로 이것을 '리보좀'이라 부른다(단백질 제조 공장인 리보솜과는 전연 다른 것이다).

이 인공의 작은 주머니 막을 조사했더니 두께가 겨우 4밀리미크론이었다. 두께에 관해서는 천연막 못지않은 것이다.

내친김에 이 인공막의 구조를 알아보자. 인지질은 인산 등으로 된 '머리'와 글리세린 부분인 '몸통', 그리고 지방산의 긴 사슬로 된 '꼬리'로 구성됐다.

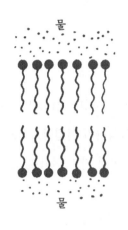
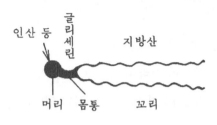

그림 7-5 | 인공 흑막

'머리'는 물과 결합하기 쉬운 성질[친수성(親水性)]이 있다. 이와 반대로 '꼬리'는 물을 반발하는 성질[소수성[(疎水性)]이 있다. 인공막을 보면 친수성이 있는 '머리'가 바깥쪽에, 소수성인 '꼬리'는 안쪽에 와서 두 층으로 정연하게 배열돼 막을 만든다.

이것은 가장 간단한 인공막인 셈이다. 덧붙여 말하면 '생체막도 기본적으로는 이런 막이 아닌가' 하는 모델이 이미 1930년대에 제창됐다. 전자현미경도 X선 회절도 없었고, 막의 구조에 관한 자료도 갖춰지지 않았던 시대의 일이었으므로 대단한 통찰력이라고 하겠다.

그러나 '리보좀' 방식의 인공막 제조는 바깥과 안쪽의 물질이 달라지는 것과 어떤 작용으로 어떻게 변화하는가 하는 실험이나 관찰을 할 수 없었다. 그래서 최근에는 테프론 등의 플라스틱에 매우 작은, 지름

1㎜ 정도의 구멍을 뚫고 거기에 이러한 막을 만들고 있다. 휘발성 액체[용액(溶媒)]에 막이 되는 재료를 녹여 이 작은 구멍에 붓으로 바른다. 잠시 기다리면 휘발하는 용매가 마구 증발해 막은 자꾸 얇아진다. 보는 앞에서 두께가 수백 밀리미크론이 되면 비눗방울처럼 아름다운 색이 나타난다.

(비눗방울을 크게 불면 점점 무지개 같은 아름다운 색이 나타나는 이치와 같다. 실은 비눗방울의 막도 얇은 인공막이다. 비눗방울의 재료가 되는 비누는 소수성 부분과 친수성 부분으로 나눠진 분자로 됐으므로 앞에서 말한 인공막도 연구용 고급 비눗방울이라고 생각하면 크게 잘못이 없다.)

그런데 좀 더 시간이 지나면 인공막은 지질을 재료로 쓰는 한 대단한 기술도 필요 없이 새까맣게 돼 버린다. 막의 앞뒤에서 반사하는 빛이 꼭 상쇄되므로 이 정도 얇은 '흑막(黑膜)'은 두께가 10밀리미크론 이하가 되는데, 완전한 '흑막'은 약 7밀리미크론이 된다. 이 '검은 지질막'(머리 문자를 따서 BLM, M은 멤브레인=막)은 인공막의 '표준'이 된다.

이 막은 유감스럽게도 생체막과는 상당히 다르다. 나트륨분이나 칼륨분, 설탕 등을 전혀 통과시키지 못한다. 더욱이 전기저항이 천연막보다 1,000~10,000배나 커서 거의 전기를 통하지 않는다. 생체막의 기본적인 지질구조와 아주 닮았다거나, 물을 잘 통과시키는 등 좋은 면도 있지만 상대가 안 된다.

단위막설

좀 더 천연막에 대해 알아보면 수긍이 가는 차이를 알게 된다. 천연막은 지질이 약 40%밖에 안 되고 단백질이 약 50%를 차지한다. 나머지는 녹말의 친척뻘이 되는 다당류(多糖類)나 극히 미소한 RNA 등이다. 단백질을 빼고 만든 인공막이 생체막과 성질이 다른 것이 당연하다.

그럼 단백질이 어떤 형태로 들어 있는가.

그것이 문제다.

로버트슨이라는 학자는 신경초를 전자현미경으로 관찰해 이 지질로 된 '표준' 인공막 양쪽에 샌드위치처럼 단백질이 존재한다고 해서 단백질—지질(2층)—단백질의 3층 구조설을 주장했다. 많은 전자현미경의 관찰 결과와도 잘 일치했으므로 그럴지 모른다고 지지하는 사람이 많았다. 양쪽 층이 각 2밀리미크론, 가운데가 각각 35밀리미크론, 합계 74밀리미크론의 두께다. 이 세 층이 모든 생체막의 기본이 된다고 주장했던 것이다. '단위막'설(單位膜說)이라고 한다.

그런데 여러 가지 막은 결코 두께가 균일하지 않다는 것이 알려졌다. 특히 '단위막'보다 얇은 60밀리미크론 정도의 막이 발견되자 '이런 구조가 막의 전부가 아니다'라고 생각하지 않을 수 없게 됐다. 최근에는 단위막설은 완전히 내리막길에 섰다.

단백질은 막 속에서 규칙적으로 배열되지 않았다. 관찰하면서 조사할 수 없을 정도로 불규칙하다. 그래서 막에 존재하는 단백질을 물질적

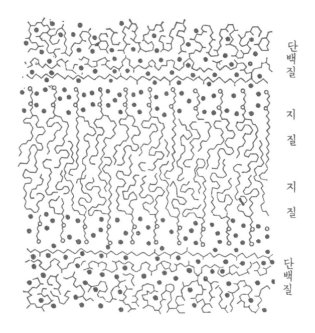

단백질

지질

지질

단백질

그림 7-6 | 샌드위치형 '단위막'의 분자 모형

(생화학적)인 연구로 조사했다.

예를 들면 적혈구를 슬그머니 파괴해 남은 막의 안팎을 뒤집어 다시 주머니를 만든다. 그리고 그 주머니를 단백질을 분해하는 효소액으로 씻어낸다. 노출된 쪽의 단백질만 분해될 것이므로 뒤집은 주머니와 정상적인 적혈구의 단백질 차이를 알아볼 수 있다. 그 결과 안쪽이나 바깥쪽이나 똑같이 존재하는 단백질도 있고, 어느 한쪽에만 존재하는 단백질도 있음이 알려졌다.

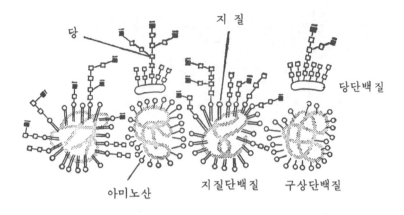

그림 7-7 | 세포막의 입자 모델

　그 밖의 갖가지 실험 결과 막의 단백질은 대단히 불규칙하며 안쪽과 바깥쪽의 지질 부분에 붙은 것, 표면에 머리를 내민 것, 지질층까지 들어간 것, 막의 양면에 관통돼 있는 것 등 아주 각양각색이라는 것이 알려졌다.

　이쯤 되면 천연과 똑같이 여러 가지 성질을 모두 갖춘 인공막은 쉽사리 만들 수 없다. 그렇게 생체막의 갖가지 성질 중에서 하나나, 기껏 둘 정도에 주목해 그런 성질만을 나타내는 '발판을 굳히는' 정도의 견실한 인공막 제조 노력이 시작됐다.

입자막 만들기

오사카 대학의 다카기 박사는 가급적 천연막에 가까운 인공막을 만들어보려고 독특한 막 만들기를 고안했다.

다이크론이라는 플라스틱판에 인공막을 질 작은 구멍을 뚫고 판 상단으로부터 판 속을 통해 작은 구멍에 도달하는 가는 관 모양으로 된 '통로'를 뚫는 방법을 생각해 냈다.

먼저 지질을 주성분으로 하는 원료로 작은 구멍을 메우고 이것을 막의 성분으로 사용하려는 단백질 액에 담갔다. 이 단백질이 천연의 것과 같이 자유롭게 운동하면서 막에 흡착된다.

이렇게 되면 이 막은 너무 두꺼워서 실험에는 쓸모없다. 그래서 판

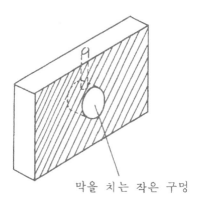

막을 치는 작은 구멍

그림 7-8 | 막을 치기 위한 작은 구멍

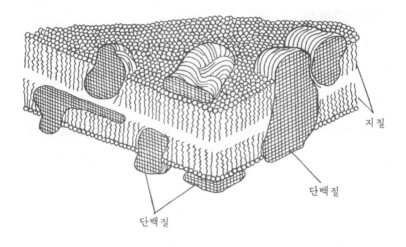

지질

단백질

단백질

그림 7-9 | 단위막과 입자막을 복합한 모델

상단에 주사기를 대고 살그머니 지질을 흡입시킨다. 작은 구멍 속에 찼던 지질은 관을 통해 천천히 흡인돼 얇아진다.

한편에서는 단백질이 들어가면서 다른 한편에서는 얇아져 붓으로 균일하게 발라 만든 막보다 천연에 가까워진다. 현재 20밀리미크론 정도의 박막까지 만들 수 있게 됐다. 생체막은 10밀리미크론 정도이니 두께로 보면 2배 가까이 차이가 나지만 어느 정도 두께를 희생하고 그 대신 천연막에 가까운 복잡성을 지니게 하려는 의도인 것이다. 지질만의 균일한 막이나 단백질을 가해도 지질로 주위를 튼튼하게 한 형태밖에 만들지 못한 종전의 인공막 기술로 보면 훨씬 뛰어났다고 하겠다. 조금씩 성과가 나타나므로 발전이 기대된다.

다카키 박사가 이렇게 막을 만들기를 뜻한 것은, 첫째로는 단백질과 지질 분포가 서로 얽히면서도 막 속에서는 입자 모양으로 돼 있지 않은 가 하는 '입자막설'이 상당히 유력해졌기 때문이기도 했다. 지질은 규칙적으로 두 층으로 배열됐다는 앞의 설과 비교하면 아주 정반대인데 막의 성질을 상당히 잘 설명할 수 있어 학자들의 인기를 불러일으켰다.

입자설에 의하면 많은 경우 단백질은 공 모양에 가까운 '둥근' 형태 다. 그리고 가끔 이것이 지질과 얽혀 지질단백질을 만들기도 하고, 어떤 때는 당과 붙어 당단백질 형태를 취하기도 한다는 것이다. 그리고 이 하나하나의 입자가 각각 독특한 기능을 가져 전체로서 막의 기묘한 여러 가지 성질을 나타낸다는 것이다.

종전까지는 모든 막이 균일하다고 생각했으므로 아주 기묘하게 느껴졌다. 아무튼 단지 하나만, 그것도 얇은 막이 몇 가지나 되는 불가사 의한 성질을 겸하기 때문이다.

막은 영양분을 하나도 남김없이 정확하게 받아들이는가 하면 '펌프' 역할도 한다. 어떤 경우에는 나트륨분만을 투과하기 쉽게 하는가 하면, 이웃 세포가 다른 종류인가도 알아차린다.

아주 귀신같은 솜씨를 가진 존재다.

아무렴 그렇기야 할까 하는 생각을 가진 학자들도 있어서 '입자설' 이 나왔다고도 하겠다.

입자설로는 각 입자가 '각각 분담에 따라 하나씩 기능을 수행한다' 라고 하면 모든 것이 쉽게 풀리기 때문이다.

어떤 입자는 '펌프' 담당이고, 어떤 입자는 일정한 아미노산을 끌어들이는 역할을 맡고, 또 암모니아분을 밀어내는 담당도 있을 것이다.

특별한 입자라면 나트륨분만을 순간적으로 통과시킬 수도 있을 것이다. 항상 그 막의 어느 부분의 바깥쪽에 나트륨분을 많이 가지고 있으면 되기 때문이다.

이렇게 입자설이 막의 여러 가지 성질을 나눠서 잘 설명할 수 있다면 만들어보려는 인공막도 '한 종류의 막으로 천연막의 성질을 이것저것 다 갖출 필요가 없어도' 될 것이다.

어떤 인공막은 막의 '어떤 기능'만 대신해도 될 것으로 생각했다. 견실한 노력이나 단백질을 마음대로 지질과 섞어보려는 것도 납득이 간다.

절충안도

입자설은 막의 성질을 잘 설명할 수 있을 뿐만 아니라 몇 가지 실험과 관찰 보고와도 잘 일치했다.

막의 두께가 6 내지 10밀리미크론으로 가지각색인 것은 입자의 종류가 막에 따라 서로 다르다고 하면 들어맞는다.

미토콘드리아의 막으로부터 '기름기(지질)'를 빼어내도 상당한 정도의 막의 기능을 여전히 나타내는 것이 알려졌다. 이것은 '단위막'설로는 잘 설명할 수 없다. 그러나 입자설로는 "원래 '지질'은 각 입자 속에 얽혀 있었으므로" 입자에서 '지질'을 빼내도 잔존 입자가 어떤 형태로든지 잔존하면 막이 파괴되지 않게 된다고 하는데, 이런 현상을 설명하는 데는 '입자설'의 독무대가 된다. 전자현미경으로 보면 막에 가끔 입자가 보이는데 이것은 마치 입자설이 옳음을 증명하는 것처럼 느껴진다.

이렇게 여러 가지를 알아보면 입자설이 어쩐지 그럴듯하게 보인다. 이런 점이 막의 재미있고 능글맞은 점인데 전부 들어맞는다고는 할 수 없다.

단위막설을 뒷받침하는 깨끗한 3층막이 전자현미경으로 많이 보이는 것은 입자설로 도저히 설명할 수 없기 때문이다.

더욱이 일반적으로 막은 기름에 녹기 쉬운 것을 잘 통과시키고, 물에 녹기 쉬운 것을 통과시키기 어렵다는 성질이 있다. 입자설로는 이런 점을 설명하기 어렵다는 학자도 있다. 입자설은 결코 완벽하지는 않다.

입자설과 단위막설을 여러 가지로 조합해 생각한 사람도 있고, 막의 종류에 따라 구조도 천차만별이라고 주장한 사람도 나와 아직 학자들 간에 논쟁이 끊이지 않고 있다.

회전 도어

그러면 막의 여러 가지 재미있는 성질이 어떻게 해명되고 있는지. 그것을 인공적으로 잘 만들 수 있게 됐는지 순차적으로 몇 가지 알아보기로 하자.

그림 7-10 | 회전 도어

먼저 농도가 묽은 쪽에서 진한 쪽으로 물질을 '역류'시키는 '펌프(능동수송)'에 대해 알아보자. 이것은 호텔 같은 데 장치해 놓은 '회전 도어'와 같은 장치라고 생각할 수 있다.

세포의 바깥쪽에는 칼륨분이 적은데도 세포는 칼륨분을 받아들이고, 반대로 안쪽에는 나트륨분이 적은 데도 내보내는 구실을 하는 '단백질'이 막의 성분으로 들어 있다고 생각해 보자.

바깥쪽에 칼륨분이 온다. 단백질이 그것을 붙잡는다. 그러면 '회전 도어'는 빙그르 돌아 칼륨분이 막 안쪽으로 들어오게 된다. 칼륨분을 거기서 방출하면 대신 나트륨분이 붙는다. 또 '회전 도어'가 빙그르 돌아 바깥쪽으로 돌면 나트륨분을 밖으로 방출한다는 메커니즘이다.

나트륨, 칼륨에만 한정되지 않고 여러 가지 물질이 있어 이런 '회전 도어'가 작용해서 펌프 구실을 하고 있을 것이라고 학자들은 생각하고 있다.

4장과 5장에서 단백질이 천천히 형태를 바꾸는 이야기를 했다. 적당한 물질이 단백질에 첨가되면 단백질 전체의 형태가 천천히 저절로 변화하는 메커니즘과 같지 않은가. 막에 있는 단백질과 그 밖의 단백질과는 성분의 차이가 없다. 성질도 그렇게 다를 리 없으므로 이것도 천천히 변형될 것이다.

이런 방식이라면 안쪽에 아무리 가득히 '먹이'가 있어도 바깥에 또 오면 저절로 회전 도어 식으로 돌아서 받아들인다고 생각하면 납득이 간다.

여기서 좀 세밀하게 보면 '어떤 신호로 단백질의 입체 구조가 변하는가', '그때 어떤 구조가 작용하는가' 하는 의문이 생긴다. 이것을 알게 되면 회전 도어설—즉 단백질 변형설의 가부가 밝혀지기 때문이다.

이와 관련한 중요한 문제가 있다. 즉 에너지원이다. 어쨌든 물질을 자연의 섭리에 거역해 묽은 곳으로부터 진한 곳으로 옮기는 것이므로 에너지가 필요할 것이다. 소금을 한 숟가락 물속에 넣어보자. 처음에는 바닥에 가라앉았다가도 차츰 녹아 균일하게 섞인다. 이것과 거꾸로, 이를테면 '소금을 한 곳에 모은다'는 것이므로 일을 해야 한다. 일을 하는 데는 반드시 에너지가 필요하다.

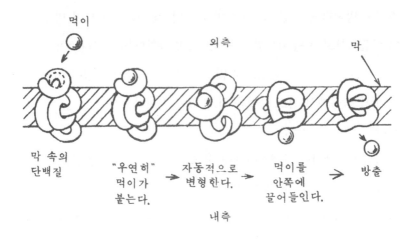

먹이

외측

막

막 속의
단백질

"우연히"
먹이가
붙는다.

→ 자동적으로
변형한다.

→ 먹이를
안쪽에
끌어들인다.

→ 방출

내측

그림 7-11 | 세포의 회전 도어 모델

    이 에너지는 생물에게 공통된 에너지원 물질인 ATP(아데노신삼인산)를
분해해 그때 나오는 에너지를 이용하는 것으로 생각하고 있다. 아데노신
에 인산 3개가 붙어 있어서 그 인산이 하나 떨어질 때 많은 에너지를 낸
다. 이를테면 '피곤할 때 캔디'처럼 에너지원으로 작용하는 물질이다.

    먹은 캔디가 에너지가 되기 위해서는 침이나 위장 속의 효소가 작용
해 소화 흡수해야 한다. 이와 같이 세포가 에너지를 내기 위해서는 에
너지원인 ATP를 분해하는 효소가 필요하다.

    여기서 좋은 생각(가설)이 나왔다. '회전 도어'의 단백질은 '이 에너
지원 ATP를 분해하는 효소 자체가 아닌가' 하는 설이다.

    다시 말해 앞에서 한 '나트륨─칼륨 회전 도어'의 메커니즘 이야기

인데, 쥐의 뇌로부터 그런 작용을 하는 것으로 생각되는 단백질이 발견됐다. 이 단백질(효소)은 나트륨분과 결합되면 에너지원을 분해해 활용한다는 것이다. 그리고 칼륨분과도 결합했다.

단백질은

① 세포의 내부에서 나트륨분과 결합한다.

② 그러면 효소작용을 하게 된다.

③ 가까이에 에너지원(ATP)이 많이 있으므로 곧 그것을 분해한다.

④ 그 에너지를 사용해 형태를 바꾼다.

⑤ 이 변형은 나트륨분과 결합한 부위가 바깥쪽에 나오는 변형, 즉 자동적으로 '회전 도어' 역할을 한다.

⑥ 변형된 단백질은 나트륨분과 결합하지 못하게 되므로 방출한다 (결과적으로 나트륨분을 바깥쪽으로 버린다).

⑦ 그 대신 칼륨분과 결합하기 쉬운 형태가 된다.

⑧ 칼륨분과 결합한다.

⑨ 그렇게 되면 원래의 형태로 되돌아가도록 다시 변형한다(이때는 원래의 형태가 안정하기 때문에 에너지는 불필요하다.).

⑩ 이 재변형으로 칼륨분과 결합한 부위가 안쪽으로 온다(다시 '회전 도어' 역할을 한다).

⑪ 원래의 형태로 되돌아가면 칼륨분과 결합할 수 없게 되므로 방출한다(결과적으로 칼륨분을 받아들인다).

⑫ 원래의 형태로 되돌아가면 나트륨분과 결합하기 쉬운 형태가 된다.

⑬ ①로 되돌아가서 반복한다……는 주기를 되풀이하는 것이 아닌가 생각하고 있다.

탄화수소나 산화콜레스테롤 등을 사용한 인공막에 이 단백질을 첨가해 이런 주기가 사실인가 아닌가 현재 연구 중에 있다. 막이 1,000배나 전기를 통하기 쉽게 되고, 이때 확실히 에너지원(ATP)을 소비한다는 것이 밝혀지는 등 좋은 징조가 나타나고 있다.

이런 종류의 인공막이 '회전 도어'설을 입증해 기묘한 '능동수송'(펌프 역할)의 수수께끼를 풀어줄지도 모른다.

인공막의 재주

필요한 것만을 취한다는 막의 '선택성'은 인공막에서 이미 성과가 나타나고 있다.

어떤 항생물질을 사용하면 세균의 막을 이상하게 만들어 균을 죽인다는 것이 알려졌다. 이런 성질을 가진 항생물질을 인지질의 인공막에 첨가한다.

이러한 항생물질은 대개 아미노산이 6개 내지 20개가 붙은 폴리펩타이드(단백질보다 사슬이 짧은)의 형태를 취한다. 바리 노마이신(아미노산 12개), 아라메시틴(아미노산 19개) 등이 유명하다.

그렇게 하면, 예를 들어 바리노마이신을 첨가하면 칼륨분을 몇백 배나 많이 통과시킨다. 그런데도 나트륨분 등은 원래대로 거의 통과시키지 않는다.

이런 메커니즘은 바리노마이신이 '지질'과 친근하기 때문에 인공막(아마 천연의 생체막에서도)의 표면에 퍼지거나 막을 뚫고 들어갈 수 있는 것과 원래 이 항생물질이 칼륨분과 결합하기 쉽다는 것으로부터 어느 정도 추측할 수 있었다.

이러한 막의 실험은 아마도 천연막이 잘 통과시키는 물질에 대해서 '그 물질을 잘 통과시키는 단백질이 막에 포함됐을 것'이라는 사실을 안 것만으로도 큰 의의가 있다.

항생물질을 사용한 인공막에서는 또 하나 '신경세포'막과 같은 순간적 흥분을 일으키는 실험도 성공했다.

인지질의 인공막에 아라메시틴과 프로타민을 첨가하면 전기 신호에 따라 2~3mS(11mS는 1,000분의 1초) 동안 막이 흥분해 전기가 통하기 쉽게 됐다가 원래대로 되돌아간다.

다카기 박사는 이와는 별도로 소의 뇌 속의 신경세포의 접합부위(시냅스)에 있는 MPI(모노 포스포 이노시타이드)라는 물질과 소의 혈청 알부민(BSA)을 사용해 비슷한 현상을 일으키는 데 성공했다.

MPI는 이를테면 지질이고, 소의 혈청 알부민은 단백질이다. 천연으로 얻은 것은, 이를테면 '반합성'이지만 그 대신 '성능'은 좋고 신경세포막과 마찬가지로 칼슘분이 중요한 역할을 다하는 데까지는 재현할 수 있다.

이밖에 인공막으로 광합성을 하게 하는 데 성공했다는 보고도 나와 있다. 인지질에 엽록소를 녹여 막을 만들었더니 빛을 쪼이자 막이 에너지를 발생해 전압 변화를 일으켰다고 한다. 앞에서도 얘기한 것처럼 광합성의 무대도 막이라 생각되므로 인공의 광합성막에의 제1보를 내딛었다고 하겠다.

초점은 장래에

막의 인공 합성은 여기서 그친다.

이 장에서는 앞에서의 이야기와는 달리 '곧 쓸모 있을 만한' 것은 하나도 없었다.

세포 내의 기관을 둘러싸고 그 기관이 완전 가동될 수 있는 '막'을 합성하고, 궁극적으로는 세포막도 만들어 인공세포를 합성하려는 의도로 읽은 사람은 실망했을 것이다.

그러나 생물 탐구에서 막은 '손도 대지 못한' 것과 다름없는 기간이 극히 최근까지 오래 계속됐다. 막을 만들고 있는 물질(분자) 자체가 참으로 정체 불명한 까다로운 존재다. 더욱이 여기에, 단백질에 '기름기'가 결합된 '지질단백질'이나 부엌 환풍기에 달라붙는 끈끈한 '다당류' 따위도 끼어들어, 발을 내딛으면 시궁창에 빠져들어 가듯 연구가 여간해서는 진척되지 않았다.

그러므로 인공막의 연구는 오히려 어떻게든 막을 간단하게 만들어 그 성질을 조사하고, 그 결과로부터 거꾸로 천연 막의 성질을 연구해 보려는 '수단'으로 큰 의의가 있다.

몇 가지 예외를 제외하고는 인공막으로 하는 실험이 매우 간단한 물질인 나트륨분과 칼륨분에 관해서만이 실시된 것도 구경꾼 입장에서는 싱겁기 짝이 없다고 하겠다. 천연막은 더 복잡한 영양분도 다뤄야 하기 때문이다. 그러나 천연막 자체가 복잡하기 짝이 없기 때문에 단순화를 목표로 하는 인공막 실험이 실시되고 있는 현상에서 보면 우리로서는 참으면서 연구의 진전을 기다릴 수밖에 없는 것 같다.

그 대신이라 말하면 이상하지만, 천연막에 대한 각 방면으로부터의 추구와 더불어 겨우 막의 구조가 밝혀지고 있다. 아직 증명되지는 않았지만 입자설의 근거가 된 효소단백질의 '회전 도어' 모델 등은 예전에는 생각조차 할 수 없었던 것으로 학자들의 흥미를 자꾸 불러일으키기 시작했다.

막이 '까다로운 것'으로부터 '흥미로운 것'으로 변하고 있는 시대에 우리는 서 있다. '인공막은 재미있다'는 시대가 곧 올 것이다. 미토콘드리아, 엽록체, 소포체의 인공 합성은 그다음 차례가 될 것이다. 그리고 본제가 되는 '세포막'의 인공성은 적어도 이들 막보다 앞서지는 못할 것이다.

막의 인공 합성이 가까스로 현재의 리보솜 수준이 되면 인공 합성에 관한 '재미'도 더욱더 더할 것이다.

앞날을 기대해 보자.

제8장

세포의 인공합성

제8장

성서의 완결과 보존

매력 있는 과제

비교적 작은 '물질'(분자)인 핵산이나 단백질은 상당히 순수하게 인공으로 합성됐다. 그러나 조금 큰 '기계'인 리보솜이나 '반편짜리 생명'인 바이러스의 합성에 관해서는 현재로는 아직 순유기화학적인 합성을 노릴 단계는 못 되고 자연의 생명이 영위하는 구조를 시험관 내에서 잘 재현하는 것이 고작이다.

그래도 리보솜이나 바이러스라면 궁극적으로는 핵산과 단백질로 구성됐음이 알려졌으므로 부품만 '합성'할 수 있으면 그다음은 대체적으로 '자기 형성'되기 때문에 결과적으로는, 오기로 들릴지 모르나 '해볼' 생각만 있다면 순수하게 인공 합성할 수 있을 것이라고 생각하기도 했다.

그러나 세포에 특유한 기관, 즉 바이러스까지의 단계에서는 나오지 않던, 복잡한 구조를 가진 '막'은 인공 합성하려는 엄두도 내지 못할 단계에 머물고 있다. 막 자체의 구조를 규명하기 위해서 단순한 인공막을 이용하고 있다는 정도에 지나지 않고 이 책의 목적인 인공 합성과는 아직 초점이 맞지 않는 현상이다.

그러나 막의 합성에 관해서는 물질(분자) 수준에서의 연구가 평행하게 진행되고 있다는 점이 강점이라면 강점이다. 길은 멀어도, 착실하게 어디까지나 물질 간의 화학물리 반응을 원점으로 수수께끼를 풀려는 노력이 뿌리를 치고 있다.

실은 이런 변명을 늘어놓는 것도 현실적으로 '세포의 인공 합성'이
라고 하면 말 자체도 매력적이고 사실 여러 가지 흥미롭기도 하지만 어쩐
지 엄밀하게 말하면 물질(분자) 수준까지 내려가 생명의 수수께끼를 '분
자 부품으로 된 기계'로서 풀려는 노력과는 동떨어져 버리기 때문이다.

바꿔 말하면 물질적(분자 수준에서의)으로 해명하기 위한 지반이 없기
때문이다. 물론 그것이 가치가 없다는 것은 아니다. 그러나 예를 들어
리보솜에 대해서는 억지로라도 '현재 생물의 부품을 빌렸지만 그 부품
의 인공 합성은 가능성이 있다'라는 확실한 이유가 세워졌다.

작은 분자로부터 세포로 점점 커져서 생물답게 됨에 따라 합성 연
구도 개략적으로 되는 것은 현재로서는 별수 없다. 그러나 세포의 인공
합성은 '부품이 물질적으로 어떻게 만들어졌는가' 하는 기초 위에 세워
지지 못하고 있다. 그것이 '이 책으로서는' 유감스럽기 짝이 없다.

이 정도가 현재의 인류의 학술적인 한계라고 체념하고 세포의 인공
합성에 성공한 예를 소개하겠다.

화성에 보내는 새로운 생물

1970년 12월 13일 미국 뉴욕 주립대학 이론생물학 센터의 제임스
F. 대니엘리 주임교수와 로버트 로즌 박사팀은 '살아 있고 증식하는 세
포를 처음으로 인공 합성하는 데 성공했다'고 발표했다.

그림 8-1 | '새로운 생물'도 가능하다?

이 해의 3월 20일자 미국 과학 잡지 〈사이언스〉에는 그 속보가 나왔는데, 그 상세한 발표와 토론을 겸한 집회가 이날에 있을 예정이며, 그에 앞선 1주일쯤 전에 '이러이러한 내용을 발표한다'는 통보가 각 신문사, 통신사에 배부될 것이라는 어디까지나 미국다운 PR이 고루 잘된 발표였다. 그만큼 '센세이션을 노린' 것이라는 학자들의 반발도 상당했던 것 같다. 대니엘리 교수팀의 발표 내용과 발언을 들어 보자.

"인공 합성된 아메바는 다른 아메바와 구별할 수 없다. 이것은 생명의 인공 합성 시대의 문을 연 것이다. 예를 들면 신종 미생물을 만들거나 새로운 알세포를 합성할 수도 있을 것이다. 실제 연구진은 알세포에 대해 마찬가지 시도에 착수했다. 5년 후에는 동물과 식물의 부품으로 함께 '새로운 생물'을 만들 수 있을 것이며, 1세기가 지나면 이 세상에 존재하지 않던 '새로운 동물'도 합성될 것이다. 또 예를 들면 화성의 가혹한 환경에서 살고 증식할 수 있는 생물도 이런 수법을 사용하면 합성이 불가능하지 않다."

외신은 이런 내용을 전해왔다. 이 연구는 미국 항공우주국(NASA)이 5년 동안 계속적으로 연구비를 지급했고, 미국 내에서는 발표 내용의 마지막 부분 '화성에서 생존 가능한 생물'을 만들 수 있는가 어떤가에 흥미가 집중된 것 같다. 〈뉴욕 타임지〉도 이런 점에 관한 반향을 여러 가지 소개해 '아무리 지구상에서 생물을 만들었다 해도 화성에서는 살 수 없을 것이다', '아니 화성의 환경을 염두에 두고서 만든 생물이라면 생존할 가능성이 있다'는 등 지면상에서 논쟁을 유도했던 것이다.

아메바의 수술

대니엘리 교수의 '호언장담'으로 미국에서는 오히려 중요한 '아메바의 인공 합성'에 관한 성과 쪽이 빛을 잃은 느낌마저 들게 됐지만 대체 어떻게 됐을까. 대니엘리 교수 팀에는 J. J. 로치 여사라는 아메바를 '수술'하는 기술에 뛰어난 학자가 있어서 상당히 오래 전부터 이러한 '수

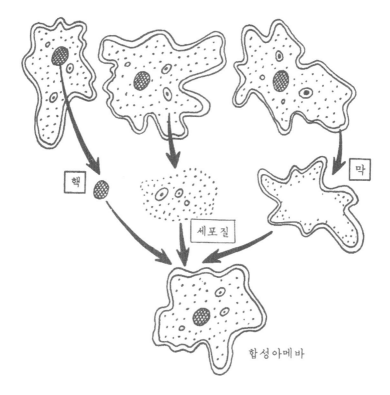

핵

막

세포질

합성 아메바

그림 8-2 | 대니엘리 교수들의 실험

술'을 해왔다는 것이다.

아메바란 원생동물로서 '하등한 동물'의 표본처럼 간주돼 왔지만,

단세포이면서도 여러 가지 기관을 구비하고 있어서 '기능 분담' 돼 있

고 복잡한 '아메바 운동'(이동할 때 하는 변형 이동 운동. 아메바 외에도 백혈구

나 성장 중에 있는 신경섬유 같은 많은 세포나 원생동물에서 볼 수 있는 위족을 사

용하는 것이 특징인 운동)이라고 불리는 특기도 있어서 그렇게까지 원시적은 아니다. 크기로 봐도 대장균(3미크론)의 10배 이상이나 되고, 대형 아메바 프로테우스는 500미크론, 즉 0.5mm 정도에 달한다.

그렇더라도 역시 작기 때문에 이것을 '수술 가공' 하는 일은 아주 어렵다. 현미경을 들여다보면서 특수한 기구를 사용해 '집도'한다. 메스로는 유리모세관을 사용한다. 유리는 아주 가늘게 만들어도 날카롭고 또 관 모양으로도 만들 수 있기 때문에 작은 세포에 주사하는 데 흔히 사용된다. 뇌의 세포가 발신하는 전기 신호를 포착하는 전극은 이 유리관 속에 전기가 잘 통하는 액체를 넣은 것을 사용하기도 한다.

이러한 '미니 수술 장치'를 사용해 아메바의 '신종'을 만들었다는 것이 대니엘리 교수팀의 발표 내용이었다.

먼저 한 마리의 아메바에서 핵을 뽑아낸다. 앞에서 설명한 유리모세관 메스 끝을 조금 무디게 한 것을 사용해 핵을 밀어내는 것이다. 아메바도 보통의 세포와 마찬가지로 핵과 세포질과 막으로 구성됐으므로, 그렇게 하면 막에 싸인 세포질만이 남는다.

다음에는 이 무핵 아메바에서 세포질을 뽑아낸다. 너무 많이 뽑아내면 나중에 재구성해도 아메바가 생존하지 못한다. 그 한계는 4분의 3이라고 한다. 무핵 아메바는 전체의 25% 정도가 세포질을 싼 세포막이 된다.

이렇게 만든 아메바의 막 속에 미리 뽑아낸 다른 아메바의 세포질을 주입하고, 다시 또 다른 아메바에서 뽑아낸 핵을 첨가한다. 이렇게 '인공 합성'한 새 아메바의 80%는 잘하면 생존해 증식할 수 있다고 한다. 서로 다른 종류의 아메바 3요소로부터 '신종' 아메바를 '합성'한다는 것은 어렵기는 해도 잘하면 수는 적지만 성공한다는 것이다.

흔들리는 '핵의 지배'

여기서 아마 당연히 의심을 가질 사람이 많을 것이다. 보통 핵에는 유전자가 들어 있기 때문에 '아무리 이런 '합성'을 해도 분열해 새끼나 손자 대가 되면 '핵'의 성질이 세포질이나 막에 영향을 미쳐, 결국은 핵을 이식한 원래 아메바와 같은 종류로 돌아갈 것이 아닌가' 하는 의문을 가지는 것이 당연하다. 확실히 일반적으로 핵의 영향력은 크다. 예를 들면 개구리의 알세포를 이식하면, 커진 개구리는 공급한 어미 개구리와 똑같아져 세포질의 영향이 거의 나타나지 않는다.

마찬가지로 하등한 녹조식물인 아세타 불라리아는 밑동의 '핵' 부분과 줄기에 해당하는 세포질 부분을 연결하면 꽃처럼 열리는 관은 '핵'이 있는 밑동 부분의 종류와 같은 관이 된다는 예도 있다.

대체적으로 우리가 보아온 '분자 부품으로 된 생물'이라는 체계에서도, 이론적으로 유전자(DNA)→메신저 RNA→전달 RNA→단백질이라는 일방통행으로 된 생명현상이 발현되는 구조가 원칙적으로는 옳다고 '센트럴 도그마'라고 부른다. 적어도 대부분의 유전자는 핵 속에 있으므로 핵이 그 생물의 성질을 지배하는 것이 당연하다.

그런데 아메바에서는 그렇게 단순하게 단정할 수 없다.

예를 들면 프로테우스와 디스코이데스라는 종류가 다른 아메바의 핵을 교환하는 '수술'을 실시해 보자.

프로테우스의 핵을 디스코이데스의 세포질에 이식하면 핵의 크기가 디스코이데스 수준으로 작아져버린다. 디스코이데스의 핵을 프로테우스에 이식한 경우도 마찬가지로 프로테우스의 핵 수준으로 커진다. '핵의 크기'만 보면 핵이 지배하는 것이 아니고 세포질이 핵을 지배한다고 하겠다.

아메바 운동 때 내미는 위족(僞足)은 '새 잡종'에서 두 종류의 중간 형태가 나타난다. 프로테우스는 소수의 대형 위족을 내밀고, 디스코이데스는 많은 납작한 위족을 내밀고 운동하는데, '새 잡종'은 어느 쪽을 닮았다고 판정할 수 없는 위족이 된다. 이 실험에서 보면 핵과 세포질 양쪽의 지배를 받는다고 해야 할 것이다.

또한 대니엘리―로치 팀은 스트렙토마이신에 대한 저항성을 조사했다. 프로테우스 가운데서 스트렙토마이신에 강한 무리와 약한 무리 간의 핵을 교환하면 어느 '새 잡종'도 스트렙토마이신에 약해져 버린다. 아마 '핵과 세포질'이 모두 스트렙토마이신에 강한 경우만 이 저항력이 생기는 것 같다. 디스코이데스는 어떤 종류는 스트렙토마이신에 강한데 그중 스트렙토마이신에 약한 무리를 골라서 강한 것과 핵을 교환했더니 '새 잡종'은 두 종류의 중간 정도였다고 한다.

아직도 메워지지 않는 큰 간극

대니엘리—로치 그룹은 아메바의 '핵과 세포질은 단순히 핵이 세포질을 지배하는 관계가 아니다'라는 사실을 여러 가지 실험에서 증명하려 했는데, 특히 핵, 세포질, 막의 3요소로 나눈 실험은 한 단계 진척된 실험이었다.

이 밖에도 대니엘리 교수는 세포질을 부분 이식하거나, 여러 가지 종류의 아메바의 세포질을 섞은 것을 이식함으로써 아메바의 성질과 형태를 바꿀 수 있다고 주장했다. 이러한 것이 앞으로 '새로운 생물'을 만들 수 있다거나, '화성에서 생존할 수 있는 생물'을 만들 수 있다는 예언에 결부됐을 것이다.

앞으로 생물의 종류를 여러 가지로 실험하든가 아메바에도 이식하는 부분을 증가하는 것이 필요하겠다. 그러나 이런 종류의 실험을 거듭하면 어차피 세포의 무엇이 어디에 대한 '결정권'을 가졌는지, 또는 생물의 종류에 따라 사정이 다른지 어떤지 하는 점이 분명해질 것이다.

물론 지금까지도 미토콘드리아 내의 DNA나 내성균을 만들 때 지령서가 되는 고리 모양 DNA에 대해서는 '세포질에 있는 DNA'(에피좀)도 조금은 알려졌고, 세포질 유전이라는 현상도 예외적으로 존재한다.

그러나 아메바가 이것도 저것도 아니며 더욱이 그 구조가 밝혀진다면 우리가 지금까지 믿어왔던 '센트럴 도그마'가 유전자나 단백질이라는 '물질'(분자)의 단계에 서는 성립해도 '세포' 단계에서는 성립하지 않게 될지도 모른다.

대니엘리—로치 팀의 앞으로의 성과가 기대되는 바다.

단지 중복이 될지 모르지만 대니엘리 교수팀의 세포 단계의 이야기와 인공막까지 '밑에서부터 쌓아 올라가는' 합성 이야기 사이에는 에피좀이나 세포질 유전 이야기까지 포함해 큰 단절이 있다.

지금 단계로는 분자생물학의 '센트럴 도그마'와 아메바의 핵, 세포질의 지배 관계의 모순에 대해 왈가왈부 논의하는 것은 시기상조일 것이다. 예를 들면 아메바 몸의 각 부분과 기관에 대해, 또 아메바 일생의 여러 단계에 대해 세밀하게 조사해 볼 필요가 있다. 어디까지가 핵의 영향인가, 핵의 영향을 단절하는 구조는 어떤 물질(분자)의 어디서 어떻게 작용하는가, 그것은 아메바에만 특유한 것인가. 알고 싶은 일이 많다.

이렇게 아메바의 세포질 지배에 대한 그 물질적인 구조가 판명되고 유전자 지배와의 사이의 큰 간극이 메워지면, 그때야 비로소 인류는 '생물의 인공 합성'을 향해 본격적인 걸음을 내딛게 될 것이다.

생명의 인공 합성이란 한 마디로 말해도 여러 가지 단계가 있고, 누구나 납득할 수 있는 '생물'을 아무런 트집도 잡히지 않는 순수한 '인공 합성'으로 만들려면 아직 갈 길이 멀다. 얼마나 그 길이 먼지, 현재까지 어느 정도의 길을 인류는 걸어왔는지 조금 생각해 보기로 하자.

순수한 달성률은 1%

인공 합성이 유기화학적으로 성공한 것은 핵산과 단백질까지의 단계다. 그것도 한 마디로 성공이라고 말하기에는 미심쩍은 면도 있지만 우선 성공했다고 하자. 그 크기는 코라나 박사팀의 유전자가 분자량이 대략 2만 5천, 사노, 메리필드 각 팀이 만든 단백질이 분자량 1만 남짓한 정도다.

이것이 얼마나 적은가 하면, 예를 들어 세포 속에 몇백 개나 함유된 '단백질 제조 공장'인 리보솜의 분자량이 270만(대장균의 경우)이라는 사실과 비교해 보면 잘 알 수 있다. 인간이 정말 자연에 있는 생물의 힘을 빌리지 않고 가까스로 자력으로 합성한 실적이 이런 평범한 부품과 비교해도 1%에도 미치지 못하는 적은 것이었다.

분자량만으로는 실감이 나지 않을 것이니 크기로 비교해 보자. 코라나의 유전자 사슬을 늘어놓고 재면 너비 2밀리미크론, 길이 26밀리미크론 정도될 것이다. 합성단백질도 늘어놓으면 길이 70밀리미크론 정도인데 완성한 형태로 말리면 겨우 1~2밀리미크론 정도다. 코라나의 유전자도 말리면 대략 이 정도의 크기가 된다고 생각하면 틀림없다. 이것과 T4 파지의 전체 크기인 약 200밀리미크론과 비교해 보자. 역시 1% 전후라는 것을 알 수 있다. 세포의 부품이나 바이러스에 이르는 과정조차 '순수한 합성으로서는 겨우 1%'라는 것이 '겨냥'된다.

"어느 정도 '분자'만 만들어지면 그다음에는 부품이 스스로 모여 완성품을 조립하는 '자기 형성' 능력이 있지 않은가. 너무 엄격하게 평가한 것이 아닌가" 하는 비판이 나올지도 모르겠다. 그렇다면 자기 형성 능력의 유무와는 관계가 없는 '핵산 사슬'의 합성을 예로 들어보자. 이 '사슬고리'를 연결하려면 아무래도 사람 손으로 해야지 '스스로 연결' 되지 않기 때문이다.

코라나의 유전자(DNA)는 '사슬고리'(뉴클레오타이드) 수가 77개였다. 바이러스인 T4 파지(DNA)는 약 20만이니 1,000분의 1도 안 된다.

이보다 훨씬 짧은 담배 모자이크 바이러스는 고리가 6,500개, 게이오 대학에서 만든 '세계 최소'의 미니 바이러스라면 130개다. 개수가 적은 것 같지만, 이것들은 사슬을 연결하는 기술이 아주 까다로운 RNA 이므로 개수로 비교할 수는 없다.

훨씬 작은 DNA 바이러스를 보아도 '사슬고리' 수는 몇천 개 이상이나 된다. 사람이 만든 몇십 개와 비교하면 역시 '앞으로' 노력해야 할 일이 100배나 더 된다. 더욱이 사슬이 길어질수록 더 까다롭게 될 것이므로 그 어려움에 비하면 현재 1%도 진전되지 않았다 해도 될 것이다. 6장의 바이러스 합성에서 이야기한 'DNA 자동합성 장치'가 출현하지 않는 한 도저히 '승산'이 없는 것 같다.

더 다짐할 것은 완전한 생물이라고 말할 수 있는 대장균은 너비 1.5마이크로미터, 길이 3마이크로미터 정도다. 합성한 핵산이나 단백질과 비교하면 길이로 약 1,000배, 부피로 비교하면 약 1,000만 배 정도가 된다. 아메바는 대장균보다 훨씬 커서 길이로 1~2자리 크다. 바야흐로 인류는 생명의 인공 합성에 대한 '1,000리 길을 한두 발자국 내딛은' 정도임을 알았을 것이다.

과학과 SF 사이

이러한 실정이므로 아직 갈 길이 멀다는 것을 충분히 인식하고 '완전'한 '세포생물'의 인공 합성에는 일단 어떤 길을 지나야 하는가 추리해 보기로 하자. 추리한다고 하지만 실은 단순한 억측에 지나지 않다고 말해도 될 정도이며, 구체적인 실험 준비가 학자들 사이에 갖춰졌다는 사실도 전혀 없다. 그러나 전적으로 SF(공상 과학 소설)라고 하지 못하는 것도 사실이다. 몇 가지 큰 벽을 넘을 수 있다고 가정하기만 하면 도정에 대해 어느 정도의 예측을 세울 수 있는 단계가 아닌가 싶다.

세포가 1개뿐인 단세포생물의 합성에 대해 이야기한 다음에 다세포생물, 그리고 고등생물로 이야기를 진행하려고 하는데, 당연한 일이겠지만 인간 등 고등생물의 인공 합성에 미치면 과학적으로는 거의 할 말이 없다. 그러므로 SF 냄새가 짙게 풍기는 '인간합성'같은 이야기는 아예 빼고 당면 과제의 중점이 되는 생명의 조건을 갖춘 것으로서 가장 단순한'단세포생물'에 한정해 이야기를 진행하겠다.

세포의 형태를 갖춘 생물을 인공 합성한다고 하면 그 대상으로 무엇을 선정하면 좋은가. 처음으로 시도하는 것이므로 너무 고등하고 복잡한 세포를 노리는 것은 현명하지 않다.

생각이 떠오르는 것이 제일 하등한 생물이라 일컫는 세균(박테리아)이다. 세균은 원핵세포[原核細胞, 또는 전핵세포(前核細胞), 가핵세포(假核細胞)]라고 하며 뚜렷한 핵(세포핵)이 없다. 유전자인 DNA가 염색체의 형태로 접혀 있을 뿐이다. 인공 합성하는 데는 핵막이 없는 편이 유리하다. 핵막의 성질도 구조도 아직 잘 모르기 때문에 이러한 '원핵세포'를 택하면 진짜 핵이 있는 '진핵세포(眞核細胞)'보다 합성 시의 장애가 그만큼 적을 것이다.

원핵세포로서는 또 하나 남조류가 있다. 그러나 박테리아에 비해 다소 고등해서, 예를 들면 '몸속에 색소를 가지고 있어서 양분을 만든다'는 것 같은 까다로운 성질을 가졌다. 그래서 남조류는 후보에서 빼기로 한다.

이렇게 박테리아로 정한다면 어떤 종류로 하는지. 대장균을 쓰면 여러 가지 실험에서 낯익고, 각종 '돌연변이'(뮤턴트)도 알고 있으므로 합성 대상으로서는 아무래도 편리하지 않을까 싶다.

너무 고등한 대장균

그러나 아주 '얌체' 같은 이야기지만, 실은 대장균은 처음으로 인공 합성하는 대상으로 삼기에는 너무 고등해서 사람의 손으로는 힘겨

그림 8-3 | 대장균의 배수펌프

운 상대다. 예를 들면 대장균 속에는 물이 차면 배출하는 기관이 있다. 이 배수기관이 없으면 물이 천천히 균 속으로 스며들어 균이 파열해 죽어버린다. 그런데 이 기관이 어떤 조건에서도 꼭 필요한가 하면 그렇지 않고, 이를테면 적당한 농도의 '바닷물' 속에서 배양하면 밖으로부터 물이 스며드는 현상이 일어나지 않으므로 이 기관은 인공세균까지 반드시 갖추지 않아도 된다.

이렇게 생략이 가능한 기관인데 그것을 인공 합성하려면 큰일이다. 가능과 불가능의 한계점에 있는 리보솜에 비하면 크기로 봐도 100배, 1,000배가 된다. 그만큼 메커니즘도 복잡하다. 처음으로 합성을 시도할 때는 이런 기관을 만들지 않아도 된다면 더할 나위가 없다.

그런데 기관 자체를 생략하는 것만이라면 단지 인공으로 만들 때 농땡이를 치면 그것으로 끝나지만 문제는 그것으로 해결되지 않는다. '그 기관을 만들어야 할 유전자'를 대장균은 원래 가지고 있다. 인공 합성해 대장균을 만들어도 이 기관 만들기 지령서가 되는 유전자를 빼고 만들어두지 않으면 그 인공대장균으로부터 생기는 새끼들은 물을 배출하는 기관이 유전자의 지령대로 나타난다. 그러면 1장에서 정의한 제1항 '자기와 '같은 것'을 증식시키는 것'에 위배된다.

문제가 이 기관에 한정된다면 대장균의 돌연변이를 여러 가지로 만들어 주고, 이 기관을 만드는 유전자가 빠져 있는 것을 찾아내어 대상을 선정할 수도 있을 것이다. 그러나 대장균에는 이러한 생략이 가능한 것이 많아서, 유전자마다 생략하고 싶은 기관은 모두 편리하게 생략할 수 있는 '비정상'이지만, 한편으로는 '완전한 세포'라는 관점에서 본 '완전한' 균은 그렇게 쉽게 찾아낼 수 없다.

실제 문제로서는 이러한 적당한 '비정상'을 만들어내기란 아주 어렵고 인공 합성 단계까지의 길을 우회하게 될 것이다. 대장균은 결국 생명에 필수적인 것 외에 많은 여분의 기관을 가지고 있어서 처음으로 인공 합성하는 세포의 후보로서는 적당하지 않다.

생략할 수 없는 것

흔한 하등생물인 대장균조차도 여분의 기관이 많아 복잡하다면 우리는 앞으로 인공 합성하려는 '세포생물'에 대해 '생략할 수 없는 것은 무엇인가' 생각해야 한다.

1장에서 정의한 것같이 먼저 자기와 같은 것을 증식하는 '자기 증식(自己增殖)'의 능력이 필요하다. 현재 알려진 바로는 이를 위해 유전자, 즉 DNA가 아무래도 필요하다.

자기가 증식하기 위해서는 유전자도 증식돼야 한다. 그러므로 '유전자 복제 기구' 한 벌은 아무래도 만들 필요가 있다. 유전자 복제의 용구 한 벌로서 무엇이 필요한가.

2장, 3장의 간단한 복습이 되겠지만 첫째로 유전자의 사슬이 필요하다. 그 인공생물이 생명을 영위하는 일체의 기본적 지령을 비축하게 되므로 아주 긴 사슬이 될 것이다. 이것은 큰일이지만 아무튼 만들 수 있을 것이다. 다음에 이 유전자의 사슬을 복제하는 재료가 되는 '사슬고리'(뉴클레오타이드)다. A, G, C, T의 네 종류를 많이 주어야 하는데 고리 하나하나여도 되므로 만드는 노력은 별것 아니다. 그리고 복제에 필요한 효소가 있어야 한다. DNA 폴리머라제라고 한다. 이것도 그렇게 어려운 일이 아니다. 이상으로 표본이 되는 긴 사슬과 '사슬고리', 그리고 효소로서 자기 증식 능력이 일단 구비된다.

둘째로 생략이 불가능한 것은 생명의 정의에서 '자기 보존'에 필요한 것이다.

무엇이 필요할까. 먼저 자신의 몸을 만들기 위해 각종 단백질을 만들어야 할 것이다. 세포가 단백질을 만드는 것은 유전자로부터 메신저 RNA가 지령서의 복제를 꺼내서 '단백질 제조 공장'인 리보솜에서 전달 RNA와 단백질합성 효소의 도움을 받아 아미노산을 사슬 모양으로 연결하는 순서다. 이것을 전부 공급해 주어야 한다.

메신저와 전달자, 그리고 리보솜에 들어있는 16S, 23S, 5S라는 RNA는 유전자로부터 만들 수 있다. 유전자는 돼 있으므로 다음에는 각 RNA 합성 효소(RNA 폴리머라제)가 있으면 된다. 이것은 유전자 만들기가 DNA 폴리머라제와 거의 동등한 정도이므로 어쨌든 만들 수 있을 것이다. 리보솜은 5장에서 본 바와 같다. 아미노산은 간단히 만들 수 있으니 그것을 단백질의 사슬에 연결하는 효소를 인공으로 만드는 것도 그렇게 어렵지 않다.

인공 세포생물에서 기본적으로 생략할 수 없는 주요한 요소는 대략 이런 정도다. 즉 이것으로 인공생물은 세포 주식회사로서의 체제를 갖추게 된다.

'이사'들은 지령을 발송할 것이며, '자료실'도 있으므로 필요한 것을 필요할 때 필요한 만큼 만들 수 있을 것이다. 생산을 중지할 수도 있다. '메신저'나 '전달자'도 있고, '공장'도 제대로 섰다고 하겠다.

먹이와 막

자기 보존 능력을 완비하기 위해서는 두 가지 정도 더 인공 합성해야 할 것이 있다. 하나는 에너지원이다. 에너지원을 생각해 두지 않으면 반응이 점차 활발하지 않게 돼, 전원이 없어진 장난감처럼 꼼짝도 하지 않고 죽어버린다. 또 하나는 막이다. 만들어진 알맹이를 막으로 싸지 않으면 알맹이가 흩어져 대체 '어디까지가 자기이고 어디까지가 자기가 아닌지' 알 수 없게 된다.

이 두 가지에 대한 해결방법인데, 다행히도 첫째의 에너지원 쪽은 생물에 공통된 에너지원으로 이미 알려졌다. 아데노신삼인산(ATP)이라는 물질이다. 이것은 아데노신이라는 '유전자용 붉은 사슬고리'를 닮은 물질에 인산이 3개 붙은 형태로 이 인산이 1개 떨어져 아데노신이 인산(ADP)이 될 때 효율적으로 에너지를 공급하는 기구다. 천연생물은 먹이를 받아들여 그것을 소화 흡수해 반응시켜 그 에너지로, ADP로부터 고에너지인 ATP를 만들어 이용한다. 이때 우리는 인공세포의 '먹이'로서 우선 ATP를 주기로 하자. 그렇게 하면 소화흡수나 에너지 관계의 반응에 관한 구조를 일체 생략할 수 있기 때문이다. 물론 ATP를 분해해 그때 에너지를 방출하는 효소는 필요하다. 이것을 첨가해 주어야 한다.

두 번째 막은 아주 골치다. 아직도 손쉽게 만들 수 없다는 것은 7장에서 차분히 알아보았지만 아무튼 만들어야 한다. 둘러싸는 것 외에도 증식 자료인 뉴클레오타이드나 아미노산, 그리고 먹이가 되는 ATP를 통과시키는 성질을 가진 것이어야 한다. 배출하는 '똥'은 ADP나 부품이 파괴된 찌꺼기 따위다. 이것도 어떻게든 밖으로 내보내지 않으면 안된다.

이러한 막도 가까스로 만들어졌다고 치자. 그러나 그렇더라도 현재의 지식으로는 무슨 영문인지 모르는 일이 하나 있다. 우리가 생각하는 인공세포는 분열해 증식하겠지만, 그때 알맹이나 막이 둘로 잘 '등분'되지 않을지도 모른다.

분열에 앞서 이 합성세포 속에서 유전자가 복제돼 2개가 된다. 리보솜도 2배로 늘고 체내의 단백질도 필요한 것은 인공생물이 스스로 만들어 불렸다고 하자. 그런데 이것이 분열할 때 모처럼 준비한 알맹이를 한쪽으로만 가져가면 자기와 '같은 것'을 증식할 수 없다. 2개의 같은 부품이 1개씩 나눠져 분열될지, 그리고 막도 한가운데가 잘록해질지. 이에 대한 메커니즘이 어떻게 됐는가 아직 모른다.

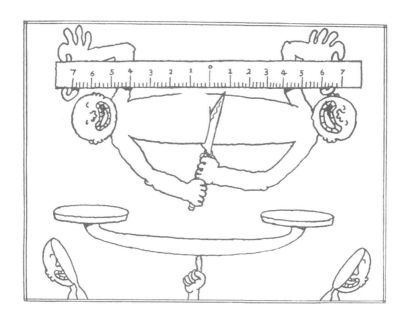

그림 8-4 | '분열 조정 기관'

이 '분열 조정 기관'이라고 할 만한 구조는 아마 '이사들'(유전자)이 갖가지 정보를 감안해 '이제야 말로 분열해야 할 때'라고 판단해 결정을 내리는 것이 아닌가 생각되지만 구체적으로 어떤 메커니즘인가, 보조 역할로서는 어떤 것이 필요한가, 또 어떤 '이사들'이 분열을 담당하는가 하는 문제는 앞으로 해명해 나가야 한다. 더욱이 인공 합성할 때는 그 '담당 이사'를 만들고, '보조 역할'을 만들기 위한 '자료'를 만들어 유전자의 사슬에 빠짐없이 넣어주어야 한다. 먼저 이 메커니즘의 해명이 실제로 인공세포를 합성하기까지의 길에서 큰 열쇠가 될 것이다.

생각해 보면 이 인공세포의 구조가 순조롭게 회전하는 데는 이밖에도 여러 가지 보조 역할이 필요하다. 예를 들면 먹이인 ATP를 필요한 곳에 나르는 구실이라든가, 그것을 효소와 함께 에너지를 방출하는 구조라든가, 남은 찌꺼기인 ADP나 인산을 배출하는 구조 등이다. 적어도 효소는 수백 종류나 합성해 첨가해줄 필요가 있을 것이다. 이들 효소나 그 밖의 보조 역할은 모두 유전자에 지령서의 형태로 넣어두었다가 적당한 때 세포가 직접 합성하도록 한다.

분자 증식 기계

이런 인공세포가 만들어졌다고 하면 어떤 것이 될까.

천연 세포와는 상당히 다를 것은 틀림없다.

'자기 증식'은 가까스로 할 것이다. 분열해 증식하기도 한다. 불어난 새끼들도 어미와 같은 성질과 모양을 하고 있을 것이다.

그 대신 훨씬 사치스럽다. 어쨌든 먹이는 ATP밖에 먹지 않는다. 그 밖의 다른 것은 일체 받아들이지 않는다. 또 돌아다니지도 않는다. 물론 물의 배출 기관이 없으므로 주위 액체의 농도를 시종 주의하지 않으면 곧 죽어 버린다. 한계점 가까이에서 '자기 보존'을 하고 있으므로 '생명력이 약하다'고 표현해야 될 것이다. 자연환경 속에서는 도저히 살 수 없다. 이 인공세포는 인간이 정성을 다해 만든 시험관 속에서만 살

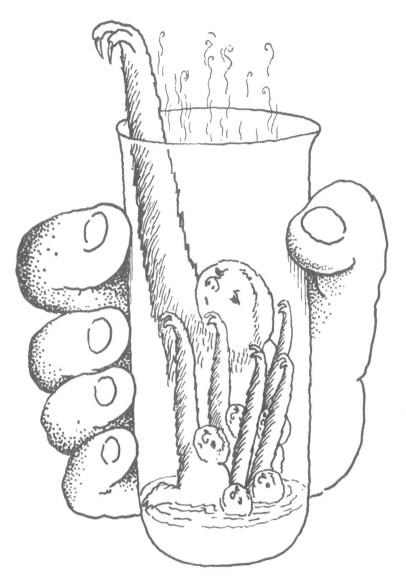

그림 8-5 | 처음으로 합성된 생물은?

수 있을 것이다.

그런데도 '대체 무엇을 하고 있을까'하고 생각될 정도로 아무 일도 하지 않는다. 하는 일이란 '오로지 증식'할 뿐이다. 그렇다고는 하지만 그 증식 속도가 빠를지 어떨지도 모른다.

운동하거나 먹이를 먹는다는 '생물의 이미지'로부터 얼마나 동떨어졌는가. 그것도 살아 있는가 의심이 들 정도다. 그러나 '자기 증식'과 '자기 보존'을 하며, 유전자나 단백질 같은 분자로 부품을 만드는'분자 기계'이므로 생물이라는 정의는 일단 충족한다.

성급하게 "그런 것은 '생물'이 아니다"라고 타박하지 말자. 처음으로 합성되는 '생물'은 아마 이런 모습일 것이다. 먼저 기본적인 '생물'의 성질을 파악하고 나서 그 기본적인 것을 만들어보고 성공하면, 그 뒤에 점점 복잡한 구조가 해명되는 것을 기다려 여러 가지 '재주'를 덧붙여 순차적으로 '생물'답게 만들어 가면 된다. 일단 이 '증식 분자 기계'를 만들어두기만 하면, 예를 들어 운동하는 데 필요한 편모나 섬모의 '지령서'를 첨가해주면 곧 헤엄쳐 다니는 세포가 탄생될 것이며, 배수관을 만들기 위한 지령서를 넣어주면 밀물에서도 살 수 있는 '생물'이 만들어질 것이다. 그뿐만 아니라 그렇게까지 손을 쓰지 않아도 이 '인공세포'는 보통 생물과 같은 증식기구를 가졌으므로 역시 보통 생물과 마찬가지로 유전자를 복제할 때 '실수'를 저지를 것이다. 즉 '돌연변이'가 일어난다. 이 돌연변이는 아마도 이 인공세포가 살아가는 데 불리한 '비정상'이겠지만 우리가 믿고 있는 이론이 잘못되지 않았다면 매우 드물게는 살아가기 위해 유리한 돌연변이—즉'진화'도 할 것이다. 물론 꽹장히 긴 시간이 걸릴 것이고, 그대로 내버려 두어도 '진화'의 계단을 계속 올라갈지 어떨지 보장이 없다. 그러나 '생명의 정의'에서는 생략했지만 "엄밀히는 자기와 같은 것을 증식할 뿐만 아니라 매우 드물게는 자기보다 뛰어난 것을 낳고 '진화'해 간다"는 생물의 고등 기술도 '우리가 만든 인공세포'는 지니고 있다. 이 '사치하고 그런 주제에 아무 일도 하지 않고 증식하기만' 하는 생물은 모든 것의 출발점인 것이다.

'적재적소'

현재의 과학 수준이 낮은 것이 슬퍼지는 이런 '하찮은' '증식분자 기계'를 만드는 것보다 또 한 가지 우리 마음대로 되지 않는 일이 있다.

알맹이를 만들고 막을 만들어 둘러쌌다고 해도 이 인공세포가 잘 동작하기 시작할지 안 할지 모른다고 한다. 더욱 딱한 것은'아마 동작하지 않을 것'이라고 생각된다는 것이다.

진짜 세포처럼 알맹이가 되는 부품 하나하나가 적당한 곳에 위치하는 것이 아니므로, 이를테면 '부품의 잡동사니'다. 이것으로는 아무래도 활동을 개시하지 않을 것이다. 예를 들면 한쪽 구석에서는 유전자가 자신과 같은 것을 증식하려고 하는데 그에 필요한 효소는 다른 구석에 있는지도 모른다. 메신저는 에너지 부족으로 동작을 하지 못하는

데 전달자는 ATP에 둘러싸여 이상적으로 흥분하고 공전하고 있을지도 모른다.

적당한 것을 적당한 곳에 두려면 이것 또한 야단이다. 눈에 보이지 않는 작은 분자 부품이므로 핀셋으로 집어 동작하게 할 수는 없다. 그리고 가령 효소는 작용하는 물질과 꼭 붙어있지 않으면 그 위력을 발휘할 수 없는데 세포 속에는 그 밖에 방해물이 많아서 여간해서는 만나지 못하게 되는 것이 아닌가 염려된다.

이 어려운 문제도 해결되지 않았다.

바이러스의 경우는 부품이 저절로 모여 전체를 만드는 '자기 형성 능력'이 있었다. 그런데 세포는 부품이나 공장 수가 월등히 많고 복잡하다. 바이러스처럼 자기 형성이 잘되리라고 생각하기 어렵다.

백번 양보해 자기 형성 능력이 기본적으로 있다고 해도 다른 어려움이 틀림없이 나올 것이다. 바이러스인 경우조차 자기 형성할 때 순서가 중요했다. 자칫 잘못해 이상한 부품끼리 먼저 결합해 버리면 나중에 다른 부품이 끼어들지 못하게 되므로 하나하나 순서대로 조립해 갈 필요가 있었다. 인공세포의 알맹이는 이보다 복잡하니만큼 조립하는 순서가 훨씬 중요할 것이라는 생각이 든다. 부품도 공장도 굉장히 수가 많으므로 올바른 순서를 쉽사리 알아낼 수 없다.

그뿐만 아니라 부품끼리 자칫 잘못 결합되면 세포의 형태가 갖춰지지 않았는데도 반응만 시작해 버린다. 그것도 세포 속에서 진행하는 올바른 반응과는 다른 방향으로 진행돼 가까스로 조립이 끝났을 때는 먼저 조립된 곳이 변질돼 못쓰게 될지도 모른다.

이런 점에서 반응을 억제하기 위해 섭씨 영하 몇십 도로 동결한 다음에 조립하면 될지도 모르나 그러면 부품이 저온에서 변질될까 염려된다.

엄청난 기계

문자 그대로 '자연의 묘미'인데, 지구상에 흔하디흔한 존재인 생물 안에서는 이러한 '적재적소'가 더없이 알맞고 아무렇지 않게 준비돼 있다. 그런 점에서 새삼스럽게 자연의 묘미에 탄복하게 된다.

생명은 '분자로 만들어진 자기 증식 기계다'라고 정의해 왔다. 그리고 '정밀하지만 기계임에 틀림없다'라고 설명해 왔다. 그러나 극히 간단한 세포생물조차 그것을 흉내 내서 만들기가 이렇게 어렵다고 할때 새삼스럽게 생물 속에서는 이렇게까지 정밀하고 정연하게 만들어지고 배치되는 것인가 감탄하게 된다. 오히려 생명은 '기계치고는 엄청나게 정밀한 기계로서 기계라는 개념과는 엄청나게 다르다'라고 말할 수 있다.

그러므로 생명합성에 대한 과학 수준이 낮음을 슬퍼하기보다는 오히려 만들려고 하는 생명의 구조가 정교함에 경탄해야 한다. 이런 의미에서 생명을 '분자 기계'라고 표현했다고 결코 생명을 경멸한 것은 아니다. 불가사의하고 비과학적인 '신비'로는 단번에 생명을 설명할 수 없기에, 또 납득이 가는 구조로 움직이는 '기계'이기 때문에 그 '기계'의 훌륭함을 잘 아는 데 따라 한층 더 '생명을 존중해야 한다'라는 마음을 가지게 된다고도 하겠다.

무턱대고 '기계'라고 우겨대기 전에 '하나하나는 이치를 잘 아는데 전체로서는 생각이 미치지 않을 만큼 복잡한 톱니바퀴가 제대로 얽혀 훌륭히 움직인다'는 하늘의 별을 쳐다보는 것 같은 아름다운 '분자 기계' 쪽에 큰 감명을 받는 사람도 많지 않을까.

생물의 수수께끼의 해명에 적극적으로 달려든 그리스도교인 서양학자가 생물을 '분자 기계'라고 이해하는 과학자의 태도와 '만물은 신이 창조하셨다'라는 교리 사이에 조금도 모순을 느끼지 않는다고 이야기하는 것을 들은 일이 있다. 그 태도를 그대로 납득할 수 있다는 생각이 든다.

부품 교환법

그럼 부품의 적재적소에서 부딪친 큰 장벽을 넘기 위해 다소 약은 수단이지만 기성품 세포를 모델로 그 부품을 순차적으로 하나씩 교환해 보기로 하자.

즉 '적재적소' 쪽은 기존의 세포생물의 구조를 이용해 해결하고 유전자로부터 단백질, 막까지 순차적으로 합성품을 들여보내 천연 부품과 교환한다. 이 작업을 한다고 하면 그 출발점에서는 모두 천연의 부품으로 된 세포였던 것이 조금씩 부품이 교환돼 가서 어느 샌가 모두 인공부품으로 만들어진 '인공 합성세포'로 된다는 방법이다. 이를테면 고물차를 산 기술자가, 쉬는 날을 이용해 부품을 사서 교환해 드디어 새 차나 다름없는 차로 만들어버리는 기법이라고 할까. 대규모의 벨트컨베이어나 크레인이 없어도 처음부터 형태는 갖춰져 있으므로 착실하게 해가면 어떻게든 완성된다는 것이다.

이 고육지책도 실은 '부품교환'이 어려워서, 반드시 실현성이 확실하지는 않다. 예를 들면 유전자를 만들어서 밀어 넣었다고 해도 원래 들어 있던 유전자를 어떻게 뽑아내겠는가. 효소도 마찬가지여서 원래 있던 효소를 제거했다는 것을 증명하지 못하면 인공 합성해 들여보낸 효소 덕분에 살아 있는 인공세포라고는 단정할 수 없다.

대니엘리 팀의 아메바로 한 핵의 교환이나 세포질의 교체 등의 교묘한 기법을 가급적 미세하게 개량하고 덧붙여 누군가 정교한 수법을 고안해 냈다고 하고 여기서는 이것이 해결됐다고 치자. 효소 등의 '구세력'도, 가령 미리 듬뿍 방사성 동위원소를 함유시켜 놓고 그 방사능이 0이 되는 것을 측정해 확인할 수 있게 됐다고 하자.

이렇게 하면 결과적으로 인공부품으로 만들어진 세포생물이 탄생했다고 일단 '세포생물의 인공 합성'이 성공했다고 말할 수 있지 않을까.

마이코플라스마

이때 찾기 어려운 것은 '적재적소'의 구조를 빌려오는 '모델 생물'이다.

대장균은 앞에서 알아본 것처럼 우리의 기술로는 너무 복잡해 힘에 겹다. 여분의 기관이 너무 많을 뿐만 아니라 필요한 기관도 너무 고등하다. 예를 들면 천연 대장균의 알맹이에는 '막투성이'라고 할 만큼 많은 막이 들어 있다. 이런 복잡한 막 구조는 도저히 합성하지 못한다. 그렇다고 인공세포에서는 단순하게 하려고 간단한 막을 만드는 유전자를 들여보내 낡은 유전자와 교환해 주면 전부터 있던 막은 필요한 지령을 유전자로부터 얻지 못해 기능이 정지될지도 모른다(물론 새로운 유전자로 새로운 막이 생물체 내에 합성돼 낡은 막과 자동적으로 교체될 것이라고 추측되기도 한다). 그러나 많은 중요한 반응은, 대장균인 경우 막에서 진행된다고 생각되므로 막을 쉽게 교환할 수 없다. 강제로 교환했다고 해도 생물에게는 치명적인 결과가 될 가능성이 강하다.

대장균보다 간단한 모델 생물은 없을까.

후자의 하나로 생각되는 것이 마이코플라스마라는 생물이다.

한때 스몬의 원인과 관계있다고 각광을 받았으므로(결국은 혐의를 벗었지만) 이름을 들은 일이 있을 것이다. 여러 가지로 수수께끼가 많은데 개략적으로 알려진 성질로 보아 우리가 필요로 하는 '모델 생물'로서 유력한 후보가 될 것 같다.

물론 핵은 없다. 유전자 사슬이 길게 이어졌고, 메신저나 전달 RNA

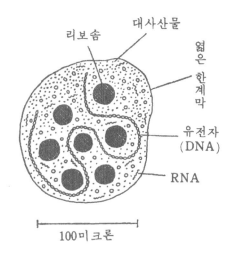

리보솜　대사산물

얇은 한계막

유전자 (DNA)

RNA

100미크론

그림 8-6 | 부품 교환법의 모델이 되는 마이코플라스마

의 작은 사슬과 리보솜이 몇 개 들어 있을 뿐이다. 효소나 대사산물(찌꺼기)이 들어 있는 전체를 극히 얇은 막(한계막)이 둘러쌌다. 막도 상당히 단순한 것 같다.

보통 세포로부터 얇은 한계막만 남기고 세포막을 벗기고, 핵막도 벗긴다. 그리고 미토콘드리아나 골지체, 색소 같은 복잡한 것을 다 빼내면 마이코플라스마가 된다고 말할 수도 있다.

구조가 간단하므로 최소 재생 단위가 되는 기본형은 크기가 800~250밀리미크론인데 대체적인 기준은 100밀리미크론으로 바이러스 급밖에 안 된다. 막이 극히 얇기 때문에 형태도 천차만별이다. 기능도 단순하게 보이면서도 상당히 배양이 어렵고 사치한 영양분을 주지 않으면 인공배지에서 자라지 않는다.

이런 점에서 스스로 증식할 수 있는 '최소의 세포미생물'이라고 일컬어지고 '살기 위한 최소 단위에 가깝다'고 여겨지고 있다.

지금까지 30종류 정도 발견됐다. 이 중 8종 정도는 마이코플라스마성 폐렴이나 동물의 유방염 등의 질병을 일으키는 일이 있는데 전체적으로는 얌전한 생물이라 하겠다.

이 마이코플라스마를 다시 돌연변이시키든가 해서 될 수 있는 대로 단순화하면 결국 '적재적소' 구조를 빌리는 '모델 생물'로서 쓸모 있을지도 모른다. 이렇게 되면 순수한 마이코플라스마가 일약 세계적으로 이름을 떨칠지도 모른다.

물론 현재로서는 마이코플라스마의 기본형은 전자현미경여야 보인다. 전자현미경은 현재 살아 있는 모습은 결코 관찰할 수 없으므로 마이코플라스마 기본형을 '모델 생물'로 인공 합성 세포를 만들었다고 해도 직접 그 '산 모습'을 볼 수 없는 것이 좀 유감스럽다.

46억 년을 좇아서

아무래도 이런 '환골탈태(換骨奪胎)' 방식으로는 사람들은 만족하지 않을 것이다. 다음은 순수하게 조립 방식을 노릴 것이다.

이때의 어려운 점은 여러 가지 얘기해 온 대로인데, 잘 생각해 보면 어려운 것은 당연해서 현재의 생물조차 반드시 어미에서 태어난다. 즉 모델 생물이 있다.

박테리아도 어미균이 있다. 새끼가 필사적으로 노력하지 않아도 부품의 '적재적소' 배치는 어미가 마련해 주는 것이다. 오늘날의 생물에 어미의 도움을 빌리지 않고 '적재적소'를 해결하라고 해도 도저히 불가능하다. 굉장히 가는 철사 같은 것으로 세포의 알맹이를 뒤섞으면 틀림없이 죽어버릴 것이다.

그러면 이 '적재적소'는 어디서 해결됐을까. 어미로부터 어미로 거슬러 올라가면 이론적으로는 '생명의 기원'에 이르고 만다.

'생명의 기원' 이야기는 다음 장에서 알아보기로 하고 여기서 얘기할 것은 지금 우리는 46억 년이 걸려 지구가 완수한 일을 극히 짧은 시간에 쉽게 하려 한다고 말할 수 있다는 것이다. 아무리 인간이 대단한 존재라고 해도 이것은 그렇게 간단하게 될 리가 없다는 생각이 든다. 납득을 위한 납득인 느낌이 들지만 참으로 어려운 일이라는 실감이 난다.

차라리 '생명합성의 길은 부품 만들기로부터 쌓아 올라가는 것보다 자연이 성취한 생명합성을 흉내 내는 편이 첩경이 아닌가' 하는 생각이 들기도 한다. 다음 장에서는 실험실 내의 '생명 탄생' 전야(前夜) 모습이 여러 가지로 나타난다. 만일 이러한 실험적인 '생명의 기원' 탐구가 부품으로부터 쌓아올리는 방식보다 먼저 '생물'에 도달하기라도 하면 자연이 준비한 환경이 얼마나 천혜를 입은 것인지 증명도 될 것이다.

다음 장을 이런 관점에서 읽어보는 것도 재미있을 것이다.

제9장

자연이 완수한 생명합성

생명의 기원과 우주의 끝

많은 사람에게 어렸을 때 하늘의 별을 쳐다보고 '우주의 끝은 어떻게 돼 있을까' 하고 공상한 경험이 있을 것이다. '생명의 기원'—다시 말해 어떻게 처음으로 생물이 태어났을까 하는 의문도 이에 못지않게 낭만적이다. 이 낭만적인 물음에 학자들은 답을 얻으려 하고 있다.

1967년 당시로는 일본에서 사상 최대라고 일컬어진 국제 생화학회의가 열려 '생명의 기원과' 우주에는 생물이 있는가 하는 '우주생물학'의 두 가지 낭만적인 문제에 대한 심포지엄이 열렸다. 유감스럽게도 일본 학자는 발표하지 않았다. 이 심포지엄에 대해 당시 일본의 '대가'에게 질문을 해보았는데 대부분의 학자들은 '우주에는 생물이 없다'고 단언했다. '있는지 없는지 모른다'는 것이 아니고 '없다'는 대답이었다. 지구상의 생명 구조의 교묘함, 혜택받은 조건을 생각하면 '도저히 이렇게 생물에게 갖춰진 환경은 없을 것이다'라고만 일본의 대부분의 학자들은 생각하고 있었다.

당시로서는 그런대로 이해할 수 있었으나 그것은 '꿈'이 아니었다. 서양에서는, 예를 들면 I. 아시모프라든가 F. 호일처럼 유명한 학자이면서 과학 공상 소설(SF)의 걸작을 많이 쓴 사람들이 있었다. 호일은 성간 물질이 진해진 암흑성운 자체가 고등생물이라는 장대한 꿈을 SF의 형태를 빌어 그것도 학자다운 이론을 붙여 썼다. 일본 학계에도 이런 '유연성'이 있는 머리를 가진 사람이 있었으면 하고 생각했다.

그림 9-1 | 우주에 생물이 살까···이 오리온자리 대성운에서도 여러 가지 유기물이 발견됐다

그러나 서양에서는 벌써 100년, 몇백 년씩이나 학자는 공부가 '좋아서' 연구해왔다. 하고 싶은 일은, 낭만적이든 다소 엉뚱하고 상식에서 벗어나든 할 수 있는 분위기가 있었다. 그에 비하면 일본에서는 대학에서 성적이 좋으면 학자를 '직업으로서' 선택해 연구의 길로 들어가는 것이 일반적이었다. 그러므로 순수하게 과학적인 성과가 없는 대상이면 아무래도 손을 대고 싶어 하지 않거나 손댈 수 없다는 '틀'이 만들어져버린 것이 아닐까.

사실 그로부터 몇 년밖에 지나지 않아, 생명의 기원과 우주생물학에 대한 과학적 데이터가 거의 서양에서 속속 나오기 시작했다. 그러자 일본에서도 이 문제의 연구 보고가 급격히 늘어났다. '생명의 기원'에 관한 책도 많이 출판됐고, 연구하는 사람도 늘어서 실험도 체계화 됐다. 과학적인 뼈대가 '틀'로 잡히면 일본의 '직업적' 학자들도 앞으로 강력해질 것이다.

한편에서는 일본에서도 점차 정말로 학문이나 연구를 '좋아하는' 사람이 학자의 길을 택하는 경향이 나타났으므로 앞으로 유망할 것이다. 만화나 SF 이야기가 통하는 젊은 학자도 많아졌다. 1972년 여름에 연구자를 대상으로 열린 '장래의 생명과학(라이프 사이언스)'이라는 강연회에서는 슬라이드로 만화가 등장했다. 우주선을 만드는데 우주선의 각 부품에 자기 역할을 컴퓨터로 기억시키고 각각에 로켓을 달아서 발사한다. 그렇게 되면 각 부품이 우주공간의 일점에서 '자동적'으로 우주선을 만들어낸다는 장면이었다. 알다시피 생명 부품이 자기 형성(자기 집합)하는 것을 설명했던 것이다. 학자를 위한 강연회에서 말이다. 일본 학자들의 머리도 훨씬 '유연성' 있게 되는 것 같아 듬직한 생각이 들었다. 앞으로 기대해 볼만하다.

이런 연유로 종전의 생명의 기원에 대해서는 일본보다 서양에서 연구 성과가 많은데, 그런 현황을 소개하겠다. 물론 길이 트이긴 했어도 논의를 시작하면 근저에서 미심쩍은 내용도 많고 이야기를 이어나가려면 몇 군데 비약해서 이야기해야 할 곳도 나온다. 여기서는 가급적 까다로운 것은 빼고 '물질'(분자)의 기반에서 이야기를 전개해 가기로 하겠다.

우주는 생명의 원료가 가득 찼다

탄소를 중심으로 한 화합물을 유기물이라고 한다. 옛날에는 유기물은 생물만이 만들어내는 것이라고 알려졌는데, 1828년 뵐러가 요소를 합성한 이래 유기물은 생물의 독점 제품이 아닌 것이 밝혀졌다. 그뿐만 아니라 우주의 이곳저곳에 그다지 고분자가 아닌 유기물이 우글우글하다는 것이다.

'유기물이 있을 법하지 않은' 환경으로서 제일 대표적인 것은 우주 공간에 있는 성간물질일 것이다. 그러나 여기에서도 1969년 포름알데히드가 발견된 것을 비롯해, 다음 해에는 메탄올(메틸알콜)이나 시안화수소, 그다음 해인 1971년 아세트알데히드 등 11가지나 되는 탄소화합물이 발견됐다. 앞으로도 이 수는 더욱 늘어나고 복잡한 것도 발견될 것이다.

1970년 12월에는 '우주로부터의 편지'라고 일컬어지는 운석 중에 아미노산이 많이 확인됐다. 아미노산은 단백질을 만드는 '사슬고리'이며, 생명의 중요 원료다. 이것은 1969년 9월 20일 오스트레일리아 빅토리아주의 머치슨 부근에 떨어진 운석을 미국 항공우주국(NASA) 에임즈 연구센터의 C. 포난페르머 화학 진화 연구부장들의 연구진이 주의 깊게 분석한 결과였다. 운석은 지구상에 떨어진 것을 주운 것이므로 당연히 지구 물질이 붙어 있다. 지구에서는 아미노산이 매우 흔한 존재이므로 그때까지 운석에서 아미노산을 발견했다는 보고는 많았는데 '지

물 질 명	화 학 식	발견년도
수산기	OH	1963
암모니아	NH_3	1968
수증기	H_2O	〃
포름알데히드	HCHO	1969
일산화탄소	CO	1970
시안기	CN	〃
시안화수소	HCN	〃
시안아세틸렌	HCCCN	〃
메탄올	CH_3OH	〃
포름산	HCOOH	〃
일황화탄소	CS	1971
포름아미드	NH_2CHO	〃
시안화에틸	CH_3CN	〃
황화카르보닐	SCO	〃
산화규소	SiO	〃
이소시안산	HNCO	〃
메틸아세틸렌	CH_3CCH	〃
프로필렌옥시드	$\triangle CH_3$	〃
글리콜알데히드	$OHCCH_2OH$	〃
폴민산	HONC	〃
아세트알데히드	CH_3CHO	〃

그림 9-2 | 우주공간에서 발견된 물질

구상의 아미노산이 섞인 것(이것을 '오염'됐다고 한다)이 아닌가' 하는 증거
가 없었다. 포난페르머 팀은 아주 엄밀하게 지구상의 물질에 '오염'되
지 않도록 분석한 결과, 지구에 보편적으로 존재하는 아미노산 20종류
중 5종과 단백질의 원료가 되지만 현재 살아 있는 생물체 내에서는 아
무런 기능을 하지 못하는 아미노산 11종을 확인했다.

지구상에서의 '오염'이라면 이러한 아미노산이 들어 있을 턱이 없으므로 바로 운석에 아미노산이 함유됐다는 증거가 된다.

또 하나 정말 운석에 함유됐던 아미노산이라는 증거가 있었다. 발견된 아미노산이 D형과 L형이 거의 같은 양이었다는 것이다.

우리 지구의 생물에 포함된 아미노산은 모두 L형이다. 그러므로 자연에는 D형 아미노산이 전혀 없다. 화학공장에서 아미노산을 유기화학적으로 만들면 D형, L형이 같은 양이 생기는데, 기묘하게도 지구의 생명은 모두 L형만을 이용한다. 운석 중 아미노산의 D, L형의 양이 같다는 것은 지구상에서 오염된 것이 아니고 운석이 떨어졌을 때 이미 화학적으로 합성돼 함유됐음을 나타낸다. 또한 L형과 D형은 개략적으로 말해 빛의 진동면을 좌로 비트는 성질을 가지는가[광자선성(光左旋性)], 빛을 우로 비트는가 하는 구별이다.

이 결과를 종합하면 지구 탄생 이전에 우주에 떠 있는 먼지 속에도 생명의 원료가 포함된 것이다.

원시 지구의 재현

지구는 이들 성간의 먼지가 모여 굳어져서 만들어졌다는 설이 유력하다. 갓 만들어진 지구(원시 지구)는 지금의 지구와는 상당히 다른 모습이었을 것으로 생각된다. 지구 탄생이 약 46억 년 전이었고, 지구에서 제일 오래된 생물의 증거가 약 35억 년 전의 암석에서 나왔으므로, 이 약 11억 년 동안에 지구에서 생명이 만들어졌다고 생각된다. 중요한 것은 생명 탄생 도중의 과정은 지금과는 상당히 다른 원시 지구의 환경에서 진행됐다는 것이다.

원시 지구는 어떤 모습이었을까. 타임머신으로 거슬러 가서 조사할 수도 없고 어려운 문제지만, 일단 어느 정도는 추정할 수 있다.

대기는 메탄과 암모니아와 수증기가 주성분이었다. 수소도 있었던 것 같다. 여기에 일산화탄소가 도중에 첨가됐는데 산소는 거의 없었다고 한다. 산소는 생물의 탄생 뒤에 식물이 번성해 탄소 동화 작용으로 만들어졌다고 한다.

바다는 지구 탄생 이래 5억 년, 즉 생명 탄생의 과정이 한창 진행 중인 때 지금 바다의 13분의 1 내지 10분의 1의 크기까지 퍼졌다고 한다.

이런 일들은 대부분의 학자가 인정하고 있는 추정인데 반론도 있다. 예를 들면 '원시 지구에서도 효소는 있었다'라고 하는 학자도 있다. 어느 쪽이 사실인지는 신이 아니면 알 수 없지만 대세를 거스르지 말기로 하자(그렇지 않으면 이 장을 써나가지 못 한다).

이 조건에서 생명의 원료가 생길까.

주로 원시 대기인 메탄이나 암모니아를 플라스크에 넣어 그 즈음에도 있었을 번개라든가 화산 폭발, 태양으로부터의 자외선 등의 상당한 에너지를 가해 실험실 내에서 조사하는 연구가 진행됐다. 자연의 생명 합성을 흉내 낸 실험실 내에서의 생명합성이다.

처음으로 시도한 것은 미국의 H. 유리, S. 밀러 두 학자였고, 1953
년경이었다. 실험해 보았더니 아미노산의 글리신, 알라닌, 세린, 아스
파르트산, 글루탐산, 유기산인 포름산…… 등 많이 나왔다. 이에 힘을
얻어 세계 각국에서 '실험실 내에서의 자연 생명합성'을 시도했고, 오
늘에 와서는 어느 정도의 유기물―생명의 원료가 되는 '사슬고리' 정도
는 거의 나타났다.

어떤 학자에 의하면 생명의 탄생에는 아미노산 20종, 뉴클레오타이
드 4종, 그리고 글루코오스, 지방산, 리보스, 디옥시리보스 각 1종의 합
계 29종류의 '사슬고리'(모노머)가 있으면 된다는 것이다. 세밀한 것은
제쳐놓고 이것은 전부 '실험실 내의 원시 대기 중'에서 합성된다고 해
도 되는 현상이다.

우주로부터 날아온 것을 첨가하지 않아도 생명의 원료는 충분했다
고 추정해도 된다. 이러한 생각과 들어맞는 것이 석유의 자연합성설로
서, 최근에 와서 갑자기 각광을 받기 시작했다. 종전에는 석유는 석탄
과 같이 식물(또는 동물)의 유물이 오랫동안 땅 속에서 열 등의 영향을 받
아 변화해 생성됐다고 했다. 그 반면 '석유는 원래 자연적으로 유기합
성이 진행해 생물의 영향 없이 만들어진 것'이라는 주장이 자연합성설
이다. 마구 퍼 올려 쓰고 있는 이 유기물이 천연 산물이라면 하물며 양
적으로 훨씬 적어도 됐을 생명의 원료 정도는 원시 지구에 충분히 준비
돼 있었을 것이다.

생명은 우연히 태어나지 않는다

다만 원시 지구 상태를 흉내 낸 실험실에서의 원시 대기 중에서의 합성으로는, 보통 '사슬고리' 정도인 분자량으로 쳐서 500이 한계 같다. 그 이상 큰 분자는 달리 추정해야 한다.

아미노산이 만들어져 우연한 확률로 다른 아미노산을 만나 사슬이 연결됐다고 하자. 대부분의 사슬은 '의미가 없지만' 어떤 것은 단백질과 같은 배열이 될 것이다. 오랜 세월이 지나면 이 '우연'을 바탕으로 긴 사슬이 만들어지지 않을까.

계산해 보면 이러한 '우연'을 믿는 방식으로는 도저히 불가능하다는 것이 확실하다. 100개의 아미노산이 연결돼 단백질을 만들기 위해서는 오늘날과 같이 '생명현상'에 쓸모 있는 것을 1개 탄생시키는 데도 평균 1 다음에 0이 100개나 붙는 단백질을 만들어봐야 한다. 이렇게 많이 만들어 보려면 필요한 물질량도 굉장히 많이 든다. 실제로 쓸모 있는 단백질을 1개만 만드는 데 놀랍게도 우주에 있는 총 물질을 전부 사용해야 한다는 계산이 나온다. 유전자인 핵산도 마찬가지이며, 전 우주의 물질을 모두 핵산 만들기에 쓰면서 10억 년이 걸려도 담배 모자이크 바이러스의 핵산 6,500개의 사슬이 하나도 나타나지 않을지 모른다.

작은 분자 하나라도 이런 실정이니 하물며 무려 11억 년 동안에 생물까지 만들어지는 데는 '우연'한 결합에 희망을 걸어서는 안 된다는 것이 분명하다.

그러므로 자연이 성취한 훌륭하고 교묘한 기구가 어떤 것인가는—
어쨌든 인간의 힘으로 머릿속에서 생각하고 재현해 보지 않으면 결코
모른다.

어쩐지 '있음직한' 이야기

여기서부터는 간단한 실험 정도로는 더 진척되지 않으므로 '이야
기'가 많아진다. '이야기'란 완전한 과학적 입증이 갖춰지지 않은 추정
이라는 뜻이다. 이야기가 논리적으로 나가지 않는 것이 당연하다. 예를
들면 모처럼 만들어진 '사슬'을 물속에 방치해 두면 그 이상 길게 연결
되지 않고 끊어질 확률이 훨씬 높다.

물속 외에는 생명이 탄생할 만한 장소를 생각할 수 없다. 그 속에서
'사슬'이 만들어지지 않는다고 하면 이야기가 중단된다. '우리가 모르
는 교묘한 기구가 있었을 것'이라고 일단 믿어야 한다. 이러니 아무래
도 '이야기'가 돼 버린다.

물론 이에 관해서도 어떻게든지 줄거리를 붙여보려는 노력을 기울
이고 있다. 예를 들면 물을 뺏는 물질을 써보면 어떤가. 디 시크로핵실
카르보디이미드(DCC)라는 약제를 사용하면 물을 배제하고 오히려 아미
노산의 '사슬고리'를 결합하는 작용을 한다. 핵산에 대해서는 폴리인산
이 후보에 올라 있다. 또 원시 해양 중에서의 양적인 실험까지는 엄밀

하게 실시됐지만…….

'생명의 기원'에 관한 일본 학자들의 많지 않은 업적이 더러 나온다. 아카보리 오사카 대학 명예교수의 '폴리글리신'설이다.

즉, 먼저 아미노산이 만들어져 그것이 결합했다고 생각되므로 어렵다는 것이다. 처음에 아미노산 중 제일 간단한 글리신이 많이 연결돼 단백질의 '뼈대'가 되는 폴리글리신이 생겼다는 것이다. 그 뒤에 각 글리신의 '팔'에 여러 가지 '장식'이 붙어 오늘날과 같은 다양한 단백질이 만들어졌다는 것이다. 물론 전적으로 받아들여지지 않고 있으나 일찍이 1957년 나왔다.

아카보리 박사의 설에 대항해 나온 것이 S. 폭스 박사와 하라다 박사가 낸 '프로티노이드'설이다.

두 박사는 원시 지구에 많이 존재했다고 생각되는 아스파르트산이나 글루탐산 등의 아미노산을 듬뿍 함유한 혼합물을, 물을 첨가하지 않고 100℃ 이상으로 가열했다. 그 결과 40~50%라는 높은 수율로 아미노산이 '사슬 모양'으로 연결됐다. 화산과 같은 상태에서는 이런 조건도 있었을지 모른다.

이 '사슬'은 오히려 현재와 같은 단백질의 '사슬'과는 다르다. '프로티노이드'란 단백질 아재비라는 뜻이다. 두 박사의 주장은 '생명은 처음부터 현재와 같은 완전한 것이 아니었으며, 어쩐지 '제멋대로'되고 낭비가 많은 세포가 '살았는지 아닌지' 모르는 형태로 모습을 나타냈고, 그것이 점점 자연의 개량을 받아(도태되는 일도 많았겠지만) 확실성이 증가돼 증식 때 점차 자기와 같은 것을 만들게 돼갔다'는 것이다.

두 박사는 현재의 생물에서 유전뿐만 아니라 생명의 '본체'를 담당하는 핵산의 사슬조차 원생생물에게는 없었다고 말했다. 그렇지만, 핵산의 긴 사슬을 만드는 과정이 실험실에서는 만들기가 아주 어렵고 상상하기 어렵다는 실정도 얽혀 있어서인지 다소 억지처럼 생각된다. 그러나 사실은 생명이 처음에는 '제멋대로'였는 지 모른다. 어쩐지 있음직한 이야기인 점이 매력적이다.

생명에의 물질 진화는 어느 때 단번에 일어났다

그렇다고 하면 이러한 '단백질 아재비'의 몇 가지인가가 원시 '생물 아재비' 부품으로 쓸모 있었을 것이다. 선택의 여지는 있었다고 해도 길이도 일정하지 않고 배열도 이상한 것이 쓸모 있었을까.

흥미롭게도 '완전하지 않지만 쓸모 있었을' '단백질 아재비'에 관한 유리한 실험이 몇 가지 발표됐다.

단백질의 중요한 기능의 하나는 효소—즉 생물체 내에서 촉매 역할을 한다는 것이다. 예를 들면 단백질을 분해하는 작용을 하는 효소 키모트립신은 그 '급소'에 히스티딘이라는 아미노산이 들어 있는데, 염산을 첨가하면 히스티딘 단독이라도 극히 미약하지만 마찬가지 촉매 기능을 나타낸다는 것이 최근에 알려졌다. 그리고 두 번째 '급소'인 아미

물 질	1분자 1분간의 촉매능력
히스티딘	5.8
히스티딘의 긴 사슬	9.5
세린＋히스티딘＋아스파르트산	19
세린, 히스티딘, 아스파르트산의 사슬	45
티로신, 알라닌, 세린, 히스티딘, 아스파르트산의 사슬	95
세린, 아미노부티릴, 히스티딘, 아미노부티릴, 아스파르트산의 사슬	147
키모트립신(효소)	약 10,000

그림 9-3 | 효소는 올바르게 사용하면 불완전하지만 작용한다

노산의 세린을 첨가하면 촉매 능력이 몇 배가 되고, 히스티딘과 세린에 적당한 아미노산 3개를 연결할 수 있었던 합계 5개의 사슬에서는 수십 배나 나타난다는 것이다. 능력이 상승할 뿐만 아니라 사슬이 길어질수록 상온에서 기능이 증가해 특정 물질에만 효과적이 되고 그것도 특정한 방향으로만 반응을 돕는 성질도 강해진다는 것이다.

이러한 성질은 물질을 환원(산소를 뺏는 것과 같은 효과)하는 촉매인 경우라든가 생명에 중요한 인산을 첨가하는 효소의 경우라도 증명되고 있다.

단백질의 '고상법'에서 나온 단백질 유사품 이야기를 상기하기 바란다. 이를테면 그 정도를 훨씬 떨어뜨리고, '열쇠와 자물쇠'를 훨씬 헐렁하게 한 현상이다.

이렇게 증명되자 폭스, 하라다 팀이 주장하는 것처럼 처음에는 생명의 메커니즘이 극히 '멋대로'였고 비슷한 것이라면 차례차례 반응을 일으키는 물질이 아무렇게나 찬 것이었는지도 모르겠다는 생각이 든다.

원시 단백질의 탄생에 대한 주요한 학설은 이와 같은데 어느 경우든 장시간이 걸려 천천히 반응이 진행된 것이 아니라 만들어질 때는 무서운 기세로 단번에 어느 단계까지 반응이 완성되는 상태를 방불케 한다.

핵산도 아주 활기에 찬 원자가 천연의 합성단계에서 활약하지 않았는가(핫 아톰) 하는 것이 크게 학자들의 관심을 끌고 있다.

아무튼 생물 탄생까지의 물질의 '진화'—이것을 화학 진화라고 한다—는 11억 년을 다 써서 천천히 진행된 것이 아니고 어느 기회를 찾아 비약적으로 진행되고, 또 다음 기회에 훨씬 더 진행된 단계를 밟았음이 거의 틀림없다.

자기 증식하는 물질

그런데 생물의 탄생이 순수한 화학 진화의 진행에 의한다고 하면, 그 '부품'이 그 이전에 생물의 손을 거치지 않은 순수한 화학 반응 결과로서 잘, 또한 다량으로 완성돼 있지 않으면 곤란하다. 이러한 화학 진화의 길을 더듬는 노력으로 다음에 두 가지쯤 예를 들겠다.

그중 하나는 '포르피린'의 자기 증식 이야기다.

포르피린은 적혈구와 헤모글로빈 속의 '헴' 부분이든가 광합성하는 '엽록소' 속이든가 그 밖의 중요한 생물체 내의 물질에 공통된 중요한 물질이다. 사노 팀이 만든 합성 단백질의 사이토크로뮴 시에도 헴이 들어 있어 그 속에도 당연히 포르피린의 구조가 존재한다. 실제로는 지름이 1밀리미크론 정도인 원반형으로, 헴이라면 중앙에 철, 엽록소라면 중앙에 마그네슘의 원자가 들어 있다.

이 포르피린을 간단한 아미노산의 글리신과 말산으로부터 만드는 반응이 있는데, 이 반응은 철을 넣어 두면 촉진된다. 그리고 일단 포르피린이 만들어지면 이것이 철 포르피린의 형태를 취하고 이 반응을 훨씬 더 고속화한다.

글리신과 말산이 있어서 그것에 철이 첨가되면 만들어진 철 포르피린이, 쥐가 불어나듯 포르피린의 '새끼'를 늘려간다.

이와 비슷한 제2의 예가 5장 끝에 나온 '리보솜'의 촉매 이야기다.

간단히 복습해 보면 오뚝이형 리보솜 중의 '머리' 쪽 부품으로부터 스스로 완성하는 능력이 있는데 '몸통'이 완성되는 데는 '머리'의 촉매가 필요했다.

그리고 '머리와 몸통'이 갖춰져야 비로소 단백질을 합성하는 능력이 생긴다. 이 리보솜이 원시 지구상에 탄생하는 '현장'을 상상해 보자.

1~8에 여러 가지 기가 붙는다.

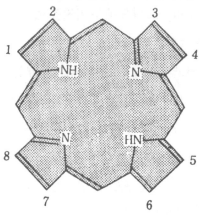

그림 9-4 | 자기 증식하는 물질, 포르피린

핵산과 단백질이 먼저 '머리'를 만든다. 핵산과 단백질이 갖춰졌으므로 생명의 기본적인 조건은 만들어졌지만 그것만으로는 아직 움직이지 않는다. 몇 개인가 '머리'가 만들어진다. 그러나 그들은 꾹 참고 활약할 때를 기다린다.

적당한 조건으로 더 복잡한 핵산 2개와 단백질의 그룹이 생겼을 때 이미 완성한 '머리'는 스스로 그 부품이 '몸통'으로 완성되도록 조력한다. 그리고 이 둘이 완성되면 결합해 비로소 오뚝이형이 돼 기능을 발휘하기 시작한다.

이것도 실은 생명 자체가 아니다. 포르피린이나 리보솜같이 자기가 보아 자기를 증식하고 또 상대를 늘리는 데 조력해 작용하기 시작하는…… 그런 '생명의 부품'이 때마침 한곳에 모였을 때 비로소 진짜 생명이 탄생했는지 모른다.

오파린의 코아세르베이트

실은 생물세포 중의 '큰 기계'나 '공장'군이 자연계에서 어떻게 합성돼 완성돼 갔는가 하는 추정은 대단히 어렵다. 이런 점은 생명의 인공합성과 아주 닮았다. 단백질 정도까지는 '추적'할 수 있어도 그 이상 큰 것은 여간 상상하기 어렵고, 포르피린과 리보솜 외에는 이렇다 할 화학진화에 관한 재미있는 이야기는 없는 것 같다.

그래서 이쯤에서 부품 이야기는 그만두고 생명의 '형태'가 어떻게 완성돼 갔는가 하는 이야기를 해보자.

유명한 것은 러시아의 A. 오파린 박사의 '코아세르베이트'설이다. 코아세르베이트라고 하면 어렵게 들리는 데 비누를 물에 녹인 상태와 대충 같은 것이다. 어떤 종류의 물질을 어떤 액체(용매)에 녹이려고 하면 그 물질은 그 액 중에서는 꼭 좋은 중간의 농도로는 불안정하기 때문에 농도가 진한 부분과 아주 묽은 부분으로 나눠져서 안정하게 된다. 이것이 코아세르베이트다.

단백질은 대체적으로 물에 녹으므로 물속에서는 1분자씩 나눠져 있는데 이것에 소금을 많이 더하면 소금물과는 사이가 나쁘므로 침전한다. 소금의 양이 적으면 단백질분자끼리 모여 물속에 덩어리로서 뜨는 상태가 된다. 이러한 코아세르베이트를 만드는 것으로는 젤라틴, 아라비아고무, 녹말, 한천 등이 잘 알려졌다.

오파린은 단백질에 핵산, 지질, 그 밖의 물질을 첨가해 코아세르베이트를 만들어 그것이 마침 세포 정도의 크기가 되고, 때로는 세포 비슷한 구조가 된다는 것까지 확인했다. 이 코아세르베이트가 현재의 생물 구조와 비슷한 기능을 가지고 있는지 등에 대한 검토를 오파린은 하지 않았지만 1924년 '생명의 기원'이라는 책에서 이 설을 주장했다.

원시세포 '마이크로스피어'

최근 폭스—하라다 팀은 앞서 얘기한 '단백질 아재비'를 발전시켜 '마이크로스피어'설을 냈다. 원시 지구상의 화산 활동 때 일어났을 '단백질 아재비'가 뜨거운 물속에 들어갔다가 점점 냉각하면 코아세르베이트와 같이 작은 덩어리가 된다는 것이다. 더욱이 대체적으로 균일한 세균 정도의 크기로 상당히 안정하게 존재할 수 있는 데가 코아세르베이트보다 뛰어났다고 두 박사는 말하고 있다. 스피어는 '구체'로서, 코아세르베이트보다 더 예쁜 모양의 공 같은 '원시세포'라고 하겠다.

마이크로스피어도 세균을 아주 닮은 구조를 가지는 일이 있고, 외계의 '사슬'을 끌어들이기도 한다. 또 효모가 발아하는 형태로 '증식'하는 일도 있다(물론 자기와 같은 것을 증식시키는 것은 아니지만).

그뿐만 아니라 마이크로스피어 중에 더 작은 마이크로스피어를, 마치 세포 속에 핵이나 미토콘드리아 등의 작은 기관이 들어 있는 것처럼 끼워 넣는 기능과 그 작은 마이크로스피어를 접속된 이웃 마이크로스피어로 이동시키는 (원리적인 접합) 등의 기능이 있다는 것이 알려졌다. 이 작은 마이크로스피어가 우연히 어떤 기능을 가졌다면 그 기능이 가장 효과적인 마이크로스피어를 만나 마이크로스피어를 '생물답게' 개량하기도 할 것이다.

두 박사는 전캄브리아기의 화석 중에 이 '단백질 아재비의 작은 집합체'를 아주 닮은 것이 발견됐다고 보고했다.

원시 지구상에서 이런 '생물'이 득실거리는 것을 관찰했다면 참으로 재미있었을 것이다. 크게 '자란' 원시세포가 둘로 분열하는데, 그 알맹이도 크기도 비정상 같아 전혀 어미를 닮지 않았다. 먹이를 찾아먹고 급속히 커진 것까지는 좋았지만 파열된 것도 있다. 오그라들어서 죽은 줄 알았더니 갑자기 외부로부터 물질을 취해 조금 움직였다가 또다시 딱 활동을 정지하기도 한다. 오늘날의 생물로는 도저히 상상할 수 없이 '제멋대로' 움직이는 것을 볼 수 있었을 것이다.

이 마이크로스피어설에는 여러 가지 결점도 있고 전면적으로 믿을 수는 없다는 것이 학자들의 반응이지만 '원시세포'의 탄생이 '제멋대로' 됐다는 점과 있음직한 상황 하에서 생겼다는 점 등이 상당히 설득력을 가지고 있다.

'살아 있는 연못'설

이를테면 '형태'를 중요시하는 이들 입장과는 반대로 기능적으로 생물답게 돼가는 과정을 중요시하는 설도 있다. 영국의 버널, 독일의 에렌스펠트 박사팀의 '살아 있는 연못'설이 있다.

바다에서는 생명의 원료가 그렇게 진하지 않고, 따라서 생명 탄생으로의 화학 변화도 둔했을 것이다. 그러나 작은 연못은 주위의 환경이 좋으면 상당히 고농도의 단백질, 핵산, 다당류나 아미노산 등을 함유했을 것이다. 작은 연못의 상류로부터 이 원료가 흘러들고, 연못 안에서 반응한 생성물이 하류로 흘러나간다. 이 연못에서는 각처에서 여러 가지 화학 반응이 일어나는데 그 결과 전체적으로 같은 반응이 잘 일어나 정상적인 반응 속행 상태가 태어났을지도 모른다고 두 학자는 상상했다.

이렇게 되면 당연히 연못에 들어가 일어난 첫 번째 반응이 다음 반응에 영향을 미치고, 다시 두 번째 반응이 세 번째 반응에 영향을 미치는 것처럼 순차적으로 영향을 미친다. 여기서 만일 마지막 반응 결과가 첫 번째 반응을 조절하게 된다고 하자. 예를 들면 최종 생산물이 첫 번째 반응에 제동을 거는 경우로서, 이런 경우는 전체의 반응이 활발하게 진행되면 최종 생산물도 많이 생겨 그 때문에 첫 번째 반응에 크게 제동이 걸려 결과적으로 전체의 반응이 언제나 일정 속도로 진행되게 된다. 이것이 이른바 되먹임 기구다. 연못은 스스로 자기 반응을 조절해

그림 9-5 | 생명의 기원은 살아 있는 연못에서 시작됐는가?

일련의 반응을 언제나 일정하게 진행하는 작용을 가졌던 것이다.

조금쯤 반응 속행에 좋지 못한 조건을 더해도 언제나 같은 생산물이 거의 일정한 속도로 만들어지는, 바로 생물이 갖는 성질이다. 이런 연못이 생기면 분명히 '살아 있는 연못'이라고 불러도 될 것이다.

이 연못은 작으면 작을수록 반응끼리 강하게 영향을 미치고 최종 생산물이 제일의 반응을 조절하기 쉽기 때문에 자꾸 안정한 상태가 될 것이다. 드디어 웅덩이보다 훨씬 작게 돼(그동안에 불안정한 연못은 '사는 것'을 정지해 버린다) 주위와 경계가 생겨 생물이 탄생하는 것이다.

'이야기'라고 하면 그만이지만, 이론적이니만큼 상상력을 자극하는 이야기다. 대체 어떤 반응을 몇 단계 정도 진행했는가. 연못이 시내가 흐르는 곳곳에 있어서, 그 속에서 조건에 가장 적합한 것이 먼저 '생물'로서 탈피했을까—이야깃거리가 몇 편이라도 나올 만한 가설이 아닌가.

핵산이 없는 생물

'제멋대로'의 반응을 '체내'에서 계속하면서 자기와 같은 성질과 형태를 가진 새끼를 낳는 것도 아니고 살아 있는지 아닌지도 모를 원시생물이 먼저 탄생했는가. 아니면 자기 의지가 아닌데도 하나하나 '생명에의 길'을 걸어온 물질군이 화학 진화 결과, 어느 날 최후의 고리를 완성해 완전한 생물로서 태어났을까. 그런 논의는 제쳐놓고 아무래도 해명해야 할 것은 현존하는 생물의 중요한 기초 부품이 어떻게 태어났는가 하는 것이다.

폭스—하라다 팀과 같이 '제멋대로'인 '원시세포'를 먼저 등장시키면 대체 어디까지가 생물의 '기원'이며, 어디부터 '진화'인가 애매해져 버린다. 이 설에서는 가장 중요한 생물의 부품인 핵산을 함유하지 않았는데도 '생물'로서 움직이기 시작했다. 그 뒤는 '진화는 필연적이므로 어쨌든 진행됐을 것이다'라고 하면 근본적인 해결은 된다. 그러나 '그 다음은 진화'했다는 말로만 처리해 버리면 반은 납득이 되지만 반은 애매해진다.

특히 처음에 핵산 없이도 증식하는 '생물'이었다고 하면 나중에 태어난 핵산이 어떤 메커니즘으로 '선배'인 단백질보다 상위에 올라섰는지, 그것도 사소한 지위의 차가 아니고 핵산이 완전히 단백질의 목덜미를 잡고 있다고 말할 수 있는 오늘날의 '센트럴 도그마'까지 어떻게 다다랐을까. 남의 일(?)이지만 궁금하다.

증명되지 않았지만, 아미노아실아데닐산이라는 물질이 있다. 단백질의 '사슬고리'가 되는 아미노산과 핵산의 '사슬고리'가 되는 뉴클레오타이드가 하나씩 결합해서 만들어진 물질이다. 이런 물질이 하나씩 쌍이 된 사슬을 만들고 그 뒤에 일렬씩 세로로 갈라지면 핵산과 단백질의 하나하나의 '사슬고리'가 꼭 대응되는 형태가 될 것이다. 그것이 개량돼 오늘날의 DNA→RNA→단백질 형태로 발전한 것이 아닌가 하는 개략적인 상상이다. 이런 대응이라면 핵산과 단백질은 1대1이지만, 현재 핵산의 '사슬고리'는 3개가 쌍이 돼 단백질의 '사슬고리' 1개와 대응한다. 1대1로부터 1대 3으로—과연 이러한 개량이 가능한지 어떤지 큰 의문이 남지만 이것도 '이야기'이므로 이해해 주기 바란다.

덧붙여 말하면, 최근 리보솜과는 관계없이 전달 RNA로부터 단백질을 만드는 아미노아실 전이 효소가 박테리아에서 발견됐다. 이것은 핵산의 '사슬고리' 3개와 아미노산 1개를 대응하는 효소라고 흥미를 끌고 있다. 리보솜과 같은 큰 공장이 필요 없다는 점이 매력적이다. 어떻게 보면 핵산과 단백질의 '사슬고리'의 3대1 대응이 '원시적'인 형태로 남아 있는 귀중한 효소일지도 모른다는 것이다. 앞으로의 연구 성과가 기대된다.

L형의 수수께끼

우리를 포함해 지구상의 생물은 모두 L형이다. 왜 그럴까.

간단한 답은, 일단 생물이 발생하면 발생 직전에 있는 다른 '생물'을 먹이로 다 먹어치웠기 때문이라고 한다. 문명의 단계에서 증기기관이나 총을 한 발자국이라도 먼저 발명한 나라가 물레방아나 활만 가진 나라보다 당연히 유리한 입장에 있고, 때로는 점령해버린 인간의 경우와 같다는 것은 아이러니컬하다. 일단 먹이를 먹기 시작하자 그 생물은 자꾸 불어나고 차례차례 생물이 될 원료를 먹어치운다. 그러므로 지구상

그림 9-6 | 지구상의 생명은 모두 L형

은 한 종류의 생물이 점령하게 됐고, 오늘날 지구상의 생물은 모두 그 자손이라는 것이다. 모두 L형인 것은 마치 먼저 태어난 생물이 '우연히' L형이었기 때문이다.

유명한 파스퇴르의 실험에서 가늘고 긴 입을 가진 용기에 넣어 끓인 고기즙이 썩지 않았다는 보기가 있다. 그러므로 생물은 자연 발생하지 않는다고 그는 결론을 내렸다. 태고의 지구 탄생에서 생물 발생까지의 단계인 11억 년을 되돌아보면 이 결론은 이 기간 동안에 적어도 한 번은 거짓말이었다고 할 수 있다.

고기즙을 그대로 10억 년 동안 두면 혹시 생물이 태어날지도 모른다. 더 원시적인 생명 재료를 자연 그대로 방치해 두고 현존하는 생물로부터 지켜주면 혹시 D형 생물이 탄생할지도 모른다.

그러나 L형으로 된 것이 정말 '우연'이었다면 이론으로서는 재미가 없다. 그래서 학자들은 L형 생물이 태어날 확률이 높았을 것이라는 '증명'을 몇 가지 들었다.

생명이 탄생한 해변에 많이 깔린 석영(石英)에 광좌선성(光左旋性)이 많지 않을까 조사한 학자가 있다. 생명 탄생에서 석영이 흡착제나 촉매 역할을 했을지도 모르기 때문에 이 석영 중에 L형이 많다면 그에 부합되는 L형 생물이 태어났을 것이라고 생각했다.

베타선은 어떤 조건(제동방사)에서는 감마선을 내는데, 이 전자기파가 L편광(偏光)을 내며, 이것이 영향을 주리라 생각한 학자도 있었다. 만들어진 아미노산에 스트론튬의 방사선을 쪼였더니 D형 티로신 쪽이 L형보다 먼저 파괴됐다는 '증명'도 나왔다.

이밖에 지구 자전으로 일어나는 코리올리의 힘 때문이라든가, 달로부터의 반사광에 L편광 성분이 많다는 등 여러 가지 설이 있다.

'우스갯소리' 같은 느낌도 나고, 억지로 L형을 우위에 서게 하려고 이론을 붙인 감도 나지만 생명 발생의 길을 '이론적으로 더듬자'는 노력이 나타나 있다.

어떤 조건이면 어떤 생물이 태어나는가 하는 것을 모든 사람이 납득하게 하는 것이 과학이다. '신이 만들었다', '도저히 일어날 수 없는 확률이 운 좋게 일어났다', '우주로부터 생물이 왔다' 하고 그 이상 해명이 불가능한 말로 '회피'해서는 과학이 되지 않는다.

생명 탄생의 수수께끼뿐만 아니라 모든 사람을 납득시키는 객관적인 실험, 관찰은 앞으로도 모든 경우에 필요하지 않을까 싶다.

제10장

생명합성의 효용

'합성'의 덕

대체 이렇게까지 고생해 가면서 왜 생명을 인공적으로 합성하려고 할까.

첫째는 역시 인간의 '호기심'일 것이다. 여기까지 읽은 사람들은 '인간의 지식욕이란 굉장하다'라고 느꼈을 것이다.

하늘을 새처럼 날아보고 싶다는 욕망이 비행기를 탄생시켰다. 초기의 비행기 연구가들은 많이 죽었다. 대단한 고생과 희생이었을 것이다. 그것도 오늘날처럼 '빨리 여행할 수 있다'는 효용에 대해선 그때 날아보려고 한 사람들은 생각하지 않았을 것이다.

우주로 나가보고 싶다, 다른 별에 가고 싶다는 것도 모두 이해타산을 초월한 인간의 욕망인데, 그 근원은 '대체 어떻게 된 것일까' 하는 호기심이다. 생명합성도 따지고 보면 이런 호기심에서 귀착된 것이다. 어쩐지 '이유는 나중에 붙는다'는 것이 사실이라는 느낌이 난다.

학술적 의의도 물론 있다. 생명을 합성하려는 시도는, 설사 부품 단계라 해도 생명의 메커니즘을 이해하는 데 쓸모가 있다.

한마디로 말하면 그때까지의 추정이 옳았다는 것을 확인할 수 있게 된다. 유전자는 이런 구조일 것이고, 단백질은 어떻게 됐을 것이라는 생각보다는 제일 좋은 증거는 그대로 만들어보고 확인하는 일이다. 여러 가지 간접적인 증거가 있더라도 같은 것을 만들어 보는 것보다는 확실하지 않을 것이다.

이것은 물리학, 화학, 공학과 같은 방면에서는 벌써 많이 시행됐다. 어떤 식물이 약이 된다고 하자. 그러면 학자들은 그 성분을 찾아내어 어떤 구조인가 조사한다. 끝으로는 그것을 합성해 원래 식물의 성분과 같은 효과가 있는지 확인한다. 여기까지 와서야 모두 '그 식물의 약효 성분은 분명히 그렇다'고 납득한다. 생물학은 까다로운 생물을 대상으로 하므로 이런 확인이 늦어졌다는 것뿐이다. 확인함으로써 그 구조가 거짓이 아니라는 자신이 서기 때문에 그 의의를 진지하게 생각할 수 있다.

리보솜 30S의 재구성을 연구한 미즈시마 박사는 왜 리보솜이 이런 작고 많은 부품으로 만들어졌는지 생각했다. 단번에 큰 단백질을 만들면 될 터인데도, 그렇게 하지 않고 조금씩 20여 종류나 만들어 그것을 끼워 넣어보려 한 이유는 무엇이었는가.

세포의 이사들의 자료실에서부터 지령서(DNA)가 인출되고 메신저 RNA가 복사해서 그것을 단백질로 제조한다. 그동안에 실수가 일어날 가능성이 있다. 단백질 1분자에 대해 1%의 확률로 실수가 일어난다고 하면 20개의 단백질로 만들어지는 리보솜의 30S는 20% 가까이 실수가 일어난다. 이것은 상당히 높은 확률이다.

그런데 실제 부품이 조립돼 만들어지는 구조라면 리보솜 조립 때 결함 부품은 아마도 결합하지 못하고 저절로 제외되겠지만, 이 단계에서 '부품 검사'가 얼마나 엄격한가 하는 데도 영향을 받을 것이다. 하지만 미즈시마 박사는 결함 리보솜 30S는 겨우 1%에 불과하다고 봤다.

바이러스는 사정이 더 심각해서 끝에서부터 하나하나 '큰 제품'을 하나만 만들 때 단백질이 1,000개나 되는 큰 것이라도 전혀 실수 없이 완성되는 것은 0.005%밖에 안 된다는 계산이 나왔다. 그러나 결함이 있는 소부품은 조립 때 결합되지 못하고 제외되기 때문에 대부분의 바이러스는 '올바르게' 새끼를 만든다는 것이다.

다시 말해 리보솜이나 바이러스가 정말로 부품의 자기 형성으로 조립된다는 증거를 입수했기 때문에 이런 계산도 할 수 있었다. 진실을 밝히는 것은 학문의 깊이를 훨씬 더 깊게 한다.

더욱더 솟아나는 호기심

생명의 합성이 점차 본격화됨에 따라 호기심도 증대해 가는 것 같다. 핵산을 함유하지 않은 '원시세포'가 자연계에서의 생명의 기원이 됐을 것이라는 학설이 주장된 영향도 있겠지만 'DNA를 함유하지 않는 생물이 만들어지지 않을까'하는 생각을 해본 학자들도 있었다. 단백질 만으로 증식하는 생물, 유전자가 RNA인 생물 같은 것 말이다. 유전자가 RNA인 경우는 '반편' 생물인 바이러스에는 많다. 세포나 고등생물이라도 이렇게 만들 수 없을까, 아니 실제로 존재하지 않을까 하는 생각이 화제가 되기도 했다.

게이오 대학 와타나베 교수는 하루나 박사와 더불어 연구한 결과 인간의 적혈구에도 RNA를 복제하는 효소가 있을지 모른다고 주장했다. 아직 DNA와 관계가 있는지 없는지를 확인하지 못했지만, 이때까지 '유전자는 DNA'라는 상식을 뒤엎어 바이러스가 아니더라도 'RNA가 유전자로 될 수 있다'는 것이 밝혀질지도 모른다.

진화의 묘로 단백질 단계에서 복제, 증식을 주로 하는 생물 부품 등도 반드시 '꿈'이 아닐지도 모른다는 생각도 든다.

유전자공학이 빛을 밝힐까

이러한 '지적 호기심'과는 달리 이런 연구 기술을 응용하는 방면에서도 크게 영향이 나타나고 있다. 이를테면 '생명합성 연구로부터 파생된 응용 기술'에서 우리가 받는 효용은 다음 장에서 언급하는 위험성도 포함해 대단히 커질 것이다.

먼저 생각나는 것이 여러 가지 '유전병'이다.

유명한 예가 페닐케톤뇨증이다. 페닐알라닌이라는 아미노산을 분해하는 효소가 부족하면 결국 페닐케톤이라는 물질이 오줌 속에 생긴다. 생후 1년 정도까지 특수한 우유를 급여하는 등 치료하면 발병을 방지할 수 있는데, 모르고 있다가는 잘생긴 얼굴인데도 백치가 되는 일이 있는 가슴 아픈 병이다.

이 아기는 효소를 만들기 위한 지령서에 해당하는 유전자(DNA)가

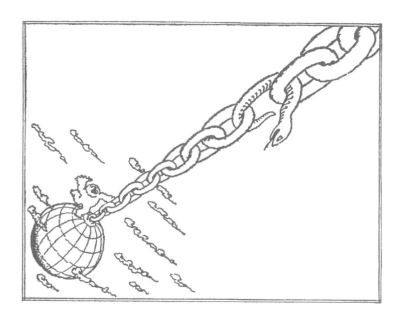

그림 10-1 | 단 1개의 사슬고리가 잘못돼도 유전병이 일어난다

없다. 물론 이런 유전자는 유전하므로 유전병이라고 부르지만, 구체적으로는 효소가 부족해 증상이 나타나기 때문에 효소결손증(酵素缺損症)이라고 한다. 이 아기에게 이 효소를 만드는 지령서를 주면 박약아가 되지 않을 것이다.

이렇게 유전자의 일부가 결손해서 이로 인해 효소가 만들어지지 않아 그 결과로 증상이 일어나는 병은 이 밖에도 많다. 대개는 효소를 만드는 아미노산 중 1개가 이상해지기 때문에 생긴다. 긴 사슬의 '급소'에 있는 고리 하나가 기묘하게 변하면 병은 전신에 퍼진다.

앞에서 얘기한 낮 모양 적혈구도 그런 예다. 단지 1개의 아미노산—결과적으로 유전자의 '사슬고리' 하나가 잘못된 데 불과하다. 그 '사슬고리' 하나를 정상적으로 고치거나, 만약 그럴 수 없다면 정상 고리를 넣어주어 부족한 곳을 보상해 줄 수 있으면 이런 '유전병은 회복될 것이다. 아마 이런 종류의 병은 발견된 것만도 100종류를 넘을 것이다. 유전병일지라도 일반 사람과 관계없지는 않다.

3장의 유전자 합성에서도 잠깐 언급했는데, 당뇨병도 거의 유전하는 것이 확실하다. 그런데도 인슐린이라는 '반편'짜리 작은 단백질을 생산하는 유전자를 만들어 세포에 넣어주면 만사 해결된다고 한다. '유전자 도입' 치료 한 번으로 일생 동안 인슐린 주사를 계속 맞을 고통에서, 또 가족에게까지 큰 부담을 주는 식이요법에서 해방된다고 알게 된 이상, 병을 고치기를 기대하는 이가 극히 일부의 심각한 '유전병' 환자만은 아닐 것이다.

최근 발견된 레슈-나이한증후군이라는 병이 있다. 생후 얼마 안 있어 경련성 마비 등의 증상이 나타나서 심신의 발육 장해를 일으키고 성격도 공격적으로 될 뿐만 아니라 자기 자신도 공격해 손가락이나 입술을 잘라버린다는 몹쓸 병이다. 이 병은 유전성이며 혈액에 요산이 차는 것이 원인인데 히포크산틴-구아닌-포스포리보실-트란스페라아제라는 긴 이름을 가진 효소가 부족했기 때문임이 알려졌다. 요산으로부터 통풍(痛風)이 연상돼 통풍 환자를 조사했더니, 통풍의 5% 정도이지만, 역시 이 효소가 결여됐다기보다는 부족이 원인이라 알려졌다. 그것도 가계(家系)에 따라 그 부족 정도가 일정했다.

그렇다면 레슈—나이한증후군이라는 몹쓸 병뿐만 아니라 그 바깥쪽에 통풍이라는 흔한 병이 둘러싸고 하나의 '유전병'을 이룬다는 것을 알 수 있다. 히포크산틴-구아닌-포스포리보실-트란스페라아제라는 효소를 만드는 지령서인 DNA가 이런 모든 사람에게는 희소식이 될 것이다. 이런 기술이 발달하면 우리 가운데서도 넓은 범위에 걸쳐 그 은혜를 입는 사람들이 나올 것이다.

이런 기술을 '유전자공학'이라고 한다. 1밀리미크론에도 못 미치는 작은 DNA의 '사슬고리'를 가공하려는 것이므로 야단은 야단인데 이것이 가능한 시대가 다가오고 있다고 하겠다. 유전자공학은 크게 둘로 나뉜다. 하나는 유전자의 합성, 또 하나는 유전자를 세포 내에 들여보내는 기술이다.

유전자 합성은 3장에서 자세하게 살펴본 것과 같다. 앞으로 몇 년 안에 자유롭게 어느 정도 긴 사슬이라도 합성하게 될 것이다.

지령서를 들여보내는 바이러스

이에 관련된 기술은 어느 정도 진보했을까.

아직 확립된 기술이라고 말할 수 없으나 최근에 와서 유망한 성과가 보고됐다. 1971년 10월 미국 정신의학연구소의 칼 메릴, 마크 게이어,

그림 10-2 | 인공합성한 유전자를 세포까지 나르는 데는 바이러스를 사용한다.

국립보건연구소의 존 페트리티아니, 이 세 학자가 람다 파지라는 바이러스를 사용해 인간의 세포에 '갈락토오스 분해 효소의 지령서를 들여보내는 시험관 내 실험에 성공했다'고 발표했다.

그 세포는 갈락토오스 분해 효소 결손증 환자로부터 수집됐다고 한다. 이 병은 유전병으로 단당류인 갈락토오스를 에너지원인 글루코오스로 바꾸는 효소(단백질)가 부족하기 때문에 생긴다. 이 때문에 갈락토오스가 혈중에 고여 영양 장애나 지능 발육부진을 일으키는 전형적인 효소 결손증의 하나다.

그 근본적 원인은 이 효소를 만들도록 지령하는 유전자가 부족하기 때문일 것이다. 그 유전자를 보충하면 치료될 것이 다. 다행히도 람다 파지에는 이 지령서가 갖춰져 있다. 그래서 배양세포에 이 바이러스를 '기생'시켜 보았더니 이 람다 파지는 지령서까지 포함해 세포로 들어갔는지 세포에 갈락토오스를 주자 자꾸 분해했고, 그 능력은 40일간이나 계속됐다는 것이다. 이렇게 되면 용기 속의 세포이긴 하지만 '병이 일시적으로 치료됐다'고 할 수 있다.

이때는 인공 합성한 유전자를 사용하지 않았지만 '유전자를 들여보내는 역할로 바이러스를 쓰면 된다'는 첫 번째 실험 성과라고 할 수 있다.

모처럼 유전자를 합성했어도 그것을 세포 내로 보내지 못하고 능력을 발휘할 수 없으면 소용이 없다. 만일 유전자를 마시면 금방 파괴될 것이며, 주사해도 혈액에서 파괴돼 목적하는 세포에는 도달하지 못할 것이 뻔하기 때문이다.

이런 점에서 바이러스라면 원래 세포에 기생하는 성질을 가졌으므로 목적에 알맞다. 이 실험이 확실한지 어떤지 아직 충분히 밝혀지지 않았지만 바이러스를 사용하면 가능성이 있을 것 같은 증거가 나타나기 시작했다고 봐도 될 것이다.

물론 람다 파지는 원래 대장균에 기생하는 바이러스다. 어떻게 인간의 세포에 기생할 수 있었는지, 기생한 뒤에 세포는 '먹어'치우지 않았는지 하는 의문이 생긴다. 이런 점에서도 정말 람다 파지를 보내는 역할로 채용할 수 있는지 어떤지 아직 확실하지 않다.

유전자 구실을 하는 바이러스

일반적으로 지령서를 붙여 보내는 데 가장 알맞다고 생각되는 것은 DNA형 암 바이러스다.

암 바이러스는 세포에 들어가도 그 세포를 '먹는' 급성 증상을 일으키지 않는다. 더욱이 상당히 엄밀하게 어떤 종류의 동물의 어디에 어떤 암을 일으킨다고 확실히 정해져 있다. 이것을 반대로 이용해 인간에게는 절대로 암을 일으키지 않는 바이러스를 선정하면 인간에게는 해가 없지 않겠는가 하고 상식적으로 판단할 수 있다.

DNA형 암 바이러스가 세포에 위해를 주지 않는 것은 용원화(溶原化)해 원래 존재하는 세포의 유전자에 결합되면, 전자현미경을 비롯한 어떤 수단을 써서 찾아도 보이지 않게 되기 때문이라고 한다. 즉 '자기도 세포의 유전자의 일종이 돼버리는' 것이다. 그러므로 DNA형 암 바이러스를 조금 '가공'해 인공유전자를 붙여서 들여보내면 인공유전자도 세포의 유전자로 되지 않을까 예상된다.

다음 장에서 나오는데 토끼에 암을 일으키는 파필로마 바이러스를 취급하던 연구자들이 이 바이러스에 감염됐다는 보고가 나왔다. 이 경우도 이 바이러스가 아르기닌 분해 효소의 지령서를 가졌기 때문에 연구자의 혈액 중 아르기닌양을 감소시켰던 것이다. 암 바이러스에 들여보내는 역할을 시키는 것이 다소 겁이 나기도 하지만 유망할 것으로도 생각되는데, 이에 대한 검토는 다음 장에서 하기로 하자.

어쨌든 합성한 유전자를 들여보내는 방법도 해결의 실마리가 풀리기 시작했다. 물론 인공유전자에 어떻게 '옷'을 입히며(벌거벗으면 금방 분해돼 버릴 위험성이 있다), 어떻게 바이러스에 붙이는지 등 문제는 많이 남았지만 전망이 열리고 있다.

다시 한 발자국 나가서 인공 바이러스라도 만들 수 있게 되면 '그 환자'에게 알맞은 유전자를 가진 해가 없는 바이러스를 만들 수 있을지도 모른다. 그렇게 될 무렵에는 유전자를 쉽게 합성할 수 있을 것이므로 대개의 유전병은 치료되고 '근본적으로 건강하게 고치는' 치료법도 나올지 모른다.

다운증이라는 역시 유전하는 병이 있다. 이것은 21번째 염색체가 하나 여분으로 있기 때문에 생기는 병인데 눈이 치켜 올라가고 손가락, 발가락이 짧아져 정신박약이 되는 것이 일반적인 증상이다. '여분의 유전자만을 떼어내는'일은 보충하는 것보다 어렵겠지만, 이 무렵이 되면 특정한 유전자를 골라 없애는 '유전자공학'기술도 확립될지 모른다.

응용 기술에 따른 꿈은 한없이 퍼져간다.

제11장

위험성을 생각한다

주류가 된 '기계론'

우리는 이렇게 생명의 인공 합성이 머지않아 실현될 것과 적어도 한 마디로 '꿈'이라고 몰아붙일 수 없다는 것을 알아봤다.

20년 전에는 생명이 인간의 손으로 합성될 성질인가 아닌가조차 큰 논의 거리였다. 알고 있는 사람도 많겠지만 옛날부터 생명에 관해서는 '생기론'과 '기계론'이 있었다. '생기론'이란, 알기 쉽게 개략적으로 말하면 '생물에는 무생물에는 없는 신비적인 '플러스알파'가 있어 그 영역은 인지가 미치지 않는다'라는 주장이다. 이에 대해 '기계론'은 "생물이라 해도 물리학이나 과학을 지배하는 자연법칙에 따라 물질이나 에너지의 주고받기에 의한 '정밀한 기계'에 불과하다"는 것이 그 진수라 하겠다.

과연 생물은 과학의 손이 닿지 않는 신비적인 것인가. 그렇지 않으면 복잡하고 정밀한 분자로 만들어진 기계의 일종인가—학자가 아니라도 매력적인 논쟁임에 틀림없다.

그러나 이때까지 최전선에 있는 과학자들이 해명하려 애써 온 바로는 신비적인 '생기론'을 들고 나오지 않아도 설명되지 않는 부분은 전혀 나타나지 않았다. 반대로, 알아보면 알아볼수록 그 정교하고 낭비 없음에 연구자 스스로가 놀랄망정 역시 자연법칙을 교묘히 도입한 우수한 기계라고 생각되는 증거가 속속 드러나고 있다.

지금까지 얘기한 이야기 가운데서도, 예를 들면 '아미노산이 교묘하

게 연결되면 저절로 둥글게 되거나 비틀어져서 단백질이 만들어진다'
든가, '적당한 조건을 만들어 주면 리보솜의 부품이 잘 들어맞아 완전
한 리보솜이 만들어진다'는 등 생물의 기본 부품 단계에서 벌써 하나하
나의 '기계'의 조립에는, 불가사의한 힘이 아니고, 매우 자연스런 과학
법칙만이 작용하는 것을 알았다. 그렇다면 '부품(기본 부품의 집합인 '기
계')이 모여 하나의 생명을 만드는 것도, 과학법칙에 따라 납득이 가도
록 설명할 수 있지 않을까' 하는 예상이 확실해졌다.

물론 그런 순간을 맞이해 봐야 알겠지만 어떤 '신비의 벽'이 나타날
지도 모른다. 그러나 현재로서는, 그 벽의 존재를 나타내는 사실이 없
으므로 과학이 해명할 수 있는 '기계론'의 입장에서 앞으로도 연구를
계속하려는 것이 대부분의 연구자의 생각이다.

감시를 '중단'했기 때문에 일어난 비극

이렇게 생명을 인간이 조정할 수 있다는 가능성이 알려지고, 또 실
제로 조정하는 시대가 눈앞에 다가와 보니 우리는 그 나름대로 각오가
필요하게 됐다. 만일 최초로 합성된 생명이 무서운 번식력을 가졌고 인
간에게 몹쓸 병을 맹렬하게 일으킨다면 인류는 금방 전멸한다. 이런 예
가 단적으로 나타내는 것처럼 생명합성은 공명심이나 호기심에 사로잡
힐지도 모를 연구자 한 사람 한 사람에게나 맡기고 우리는 방관해도 될

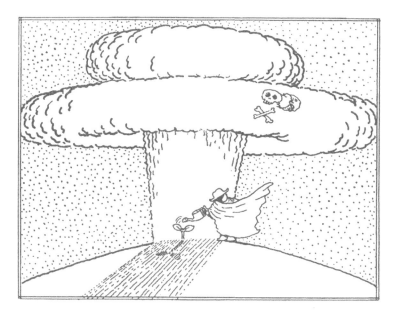

그림 11-1 | 원자폭탄의 비극은 이때 시작됐다

문제가 아닌 것이다.

실은 우리는 지금까지 과학에 무관심했기 때문에 큰 희생을 많이 치렀다. 예를 들면 원자폭탄이 그렇다. 원자폭탄은 갑자기 탄생한 것이 아니었고 핵분열의 발견과 그 에너지의 크기를 알았을 때 벌써 과학자들은 '이것은 병기로 이용될 수 있다'는 가능성을 알아차렸다.

그러나 과학자들은 그 '위험성'을 대대적으로 세계 사람들에게 환기시키지 않았다. 오히려 과학자들은 당시의 정치가나 군부 지도자 밑에 들어가 몰래 그 가능성을 실현하는 일을 도왔다. 이 과학의 발전은 전적으로 비밀리에 진행했기 때문에 핵분열의 이론은 모든 사람이 모르는 동안에 병기가 돼 병사도 아닌 사람들을 십수만 명이나 죽일 때까지 인류 전체의 감시는 '중단'됐다.

소란스럽게 떠들어대는 공해들, PCB 등의 오염 문제도 유용성이나 용도에 관한 연구만 선행했고, 모든 사람이 어차피 어려움을 당하게 되리라는 문제를 소홀히 했기 때문에 일어났다고 하겠다. 역시 공해에 대해서도 모든 사람의 감시의 눈이 미치지 못했던 것이다.

과학의 발달을 과학자 스스로에 맡기는 태도는 '과학자가 제일 잘 알고 있기 때문'이라는 그럴싸한 이유도 있기는 하다. 그러나 과학자에게 모두 맡긴 결과가 어떠했는가는 이상과 같은 역사가 말해준다.

생명합성에 관련된 '위험성'도 이런 예와 특별히 다른 문제가 아니라고 할 수 있다. 다만 지구상의 모든 생물을 좌우할지도 모를 큰 문제라는 것과 우리가 가까스로 예전의 쓰디쓴 교훈을 되새기기 시작한 시기라는 점에서 특히 큰 주목을 받고 있다.

따라서 원자폭탄처럼 악용된다면 큰일이다. 생각하기에 따라서는 원자폭탄보다 질이 나쁘다고도 말할 수 있다. 흔히 SF(공상 과학 소설)에 '생물병기용 독성세균을 도난당했다'라는 이야기가 나온다. 어디든지 가지고 다닐 수 있는 작은 용기 속에 눈에 보이지 않는 강력한 살인 도구가 들었다. 모르는 사람이 그 용기를 열었다가는 그만 전 세계의 인류가 전멸할지도 모른다. 이런 두려움은 물체가 작으니만치 박력이 있다.

원자폭탄과 달리 이 병기는 전혀 눈에 띄지 않는다. 그 무서움은 진저리가 날 정도다. 이 문제에 대해서는 매우 평범한 일이지만 적어도 '연구 성과를 공개한다'는 원칙을 어디까지나 밀고 나가 재빨리 악용할 위험성을 모든 사람이 서로 지적하고 방지해야 한다. 실은 이것만이라도 큰 문제인데 세세한 경우를 여러 가지 생각해 가면 여간해서는 결정적인 방식을 확립하기 어렵다.

완전한 봉쇄책은 없다

생명합성의 '위험성'의 특색을 들자면 하나는 '생명이기 때문에 증식할 수 있다'는 것과 그 때문에 '일단 퍼지면 손을 쓸 수 없다'는 것이다.

그만큼 새로운 '생명합성'을 취급하는 경우에는 최소한 항체(백신)나 자외선 이용법 등 현재 알려진 가능한 방법으로 이 신종 생명을 언제나 전멸할 수 있는 자위 수단을 반드시 준비해 두어야 한다. 아직 이 '최저한의 모럴'조차 연구자 간에 철저히 시행되고 있지 않으므로 우리는 여기서 소리 높여 외칠 필요가 있다.

두려운 것은 이 자위 수단이 '어떤 경우라도' 효과적이라는 보장은 이론적으로 얻을 수 없다는 점이다. 자칫 잘못하면 엉뚱한 형태로 증식해 준비해 둔 자위 수단도 효과가 없고 해독을 퍼뜨릴지 모른다는 염려를 부정하지 못한다. SF『안드로메다 병원체』에서는 우주에서 채집한 신종 미생물이 용기 착륙과 동시에 착륙한 마을의 인간을 거의 전멸시

컸다. SF라고 웃어넘길 수 없다는 것은 이 소설이 세계에 진지한 반향을 불러일으켰던 사실로도 알 수 있다.

이런 점에서 원자폭탄 이상의 위험성을 내포하고 있다고도 하겠다. 강조하지만 인공의 생명을 가볍게 생각하면 어떤 형태의 '위험'으로 보복을 받을지 모른다. 어떤 '위험성'이 있는지 모른다는 것이 생명합성이 갖는 '진짜 위험성'이다.

또 하나 생명합성에 고유한 '위험성'으로는 '설사 악용할 의사가 없었더라도 예상 밖의 병독을 가져올지 모른다'는 것을 들 수 있다.

흔히 실험되고 있는 바이러스의 인공 합성(생합성)도 앞서 이야기한 인공생명이 병원균이라면…… 하는 경우와 같은 '위험성'이 생각난다. 인간에게 해가 없는 바이러스끼리 조합해 신종 바이러스를 '만들었더니' 무서운 독성과 감염력을 가졌고, 연구실 사람들을 쓰러뜨리고 금방 전 세계에 퍼질지 모른다는 공포다. 물론 신종 바이러스이니 예방주사도 준비되지 않았다. 인간은 쓰러질 뿐 대책을 쓸 수 없게 될지도 모른다.

이런 '위험성'을 방지하기 위한 만반의 대책을 취하기 위해서는 모든 바이러스에 대해 독성 전반에 걸쳐 알아보고 어떤 메커니즘으로 그것이 발현하는가를 철저히 조사한 다음에, 신종 바이러스가 이론적으로 그중 어느 것에도 해당되지 않는다는 것을 '증명'한 후에 만들어야 한다. 독성뿐만 아니라 감염력에 대해서, 또 세포에 침입한 뒤의 증식에 관해서도 이러한 총 점검이 필요하다는 것이다.

현재의 분자생물학은 독성이나 감염력이나 증식에 관해서 겨우 해명의 실마리를 잡은 정도이므로 이에 대해 모두 해결이 될 것을 기다렸다가는 적어도 몇십 년, 자칫하면 몇천 년이 걸릴지 모른다.

그러나 지금까지 인간이 알아낸 지식으로 와서 현실적으로는 무해한 바이러스로 만든 신종 바이러스는 역시 무해하거나, 거의 무해에 가까울 가능성이 대단히 크다. 학자에 따라서는 거기까지 염려하면 '머리가 벗겨진다'고 웃어넘길지 모른다. 실제로 기존 바이러스를 합성해 만든 신종 바이러스에 대해서 진지하게 이런 걱정을 하는 학자는 그다지 없을 것이다. 다른 한편으로 바이러스의 인공 합성 기술은 질병의 치료 등에 이용될 가능성도 있다. 이렇게 생각해 보면 무턱대고 만전을 기하기 위해 바이러스의 인공 합성을 금지하는 것이 정말 득책이 될지 어떨지 모르겠다.

물론 이러한 '위험성'을 생각해 보는 것은 공론이 아니다. 지금도 인공 합성은 아니지만 '새로운 바이러스를 인간이 만들었기 때문에 그 바이러스가 예상 밖의 심술을 부리는 것이 아닌가' 하고 지적될 만한 예가 이미 몇 가지 있기 때문이다.

두려운 징후

인간이 새로운 바이러스를 '만든다'고 하면 종전에는 첫째 백신이었다. 바이러스로 일어나는 질병은 현재 치료 약이 거의 없어서 '예방만

이 제일'이라고 백신이 몇 종류나 만들어졌다. 이 백신의 제조 방법의 하나로는 병원성이 약한 바이러스를 실험실에서 만들어 증식하는 방법이 있다. 이른바 생백신이라든가 약독화(弱毒化) 백신이다. 말하자면 농작물의 품질 개량 같은 것으로 인간은 단지 선택해 목적에 맞는 바이러스를 증식하는 데 손을 빌려줄 뿐이다. 그러나 그것도 방치해 두었더라면 존재하지 않을, 적어도 다량으로 세상에 나돌아 다니지 않을 '새로운 바이러스'가 인간 사회에 마구 보내진 것은 틀림없다.

예를 들면 폴리오(소아마비)의 생백신이 있다. 폴리오바이러스의 성질을 조금 바꿔 인체에 항체를 만들게 하지만, 병원성 없는 바이러스를 실험실에서 만들어 인체에 넣는 것이 이 백신의 메커니즘이다. 여느 나라에서도 다량으로 사용했고, 덕분에 기승을 부리던 소아마비는 문명국에서는 거의 자취를 감추었다.

이것만이라면 상관없지만 이 백신의 바이러스가 때때로 '선조로 되돌아가기' 때문에 병원성을 발휘해 예방과 더불어 진짜 병에 걸리는 일도 있다고 한다. 일본에서도 매년 몇 사람씩 백신을 먹었다가 마비된 예가 나와 백신의 '선조로 되돌아가기' 탓이 아닌가 일부에서는 의심하고 있다. 더욱이 이 약독 바이러스는 진짜 바이러스와 마찬가지로 입을 통해 다른 사람에게까지 전파된다는 것이다. 우리는 설사 자신이 폴리오 백신을 복용하지 않았더라도 '선조로 되돌아갈' 가능성이 있는 '인공 바이러스'에 둘러싸여 있다고 해도 잘못은 아니다. 생각하기에 따라서는 인간이 생명을 만들어냄으로써 일어나는 '위험성'은 벌써 현실적

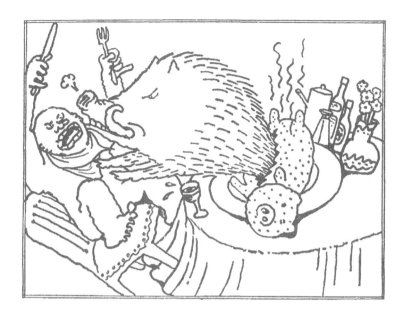

그림 11-2 | 무서운 바이러스의 선조로 되돌아가기

인 문제가 됐다고 해도 된다.

계속 마찬가지 예를 들면, 유아나 초등학교 아동에게 잘 생기는 SSPE(亞急性硬化性全腦炎)라는 병은 '인간이 만든 홍역 백신으로도 일어난다'고 의심된다는 설도 있다. 천천히 신경에 침범돼 몇 달이나 몇 년 동안에 대개는 죽음에 이르는 비참한 병이다. 전자현미경이나 면역학적인 연구에 따르면 주범으로 간주되는 바이러스는 홍역 바이러스를 아주 닮았다고 하는데 그보다 더욱 홍역 백신을 닮았다고 한다. 더욱이 이 백신 바이러스는 접종하지 않은 어린이까지 감염될 가능성이 있고,

또한 이 병은 최신의 연구에서 밝혀지고 있는 '스로우 바이러스 감염증'이라는 새로운 병 부류에 들어간다고 한다. 확률은 매우 낮지만, 만일 이것이 사실이라면 인간은 바이러스를 '인공으로' 만들어 이미 '신출내기' 병을 세상에 뿌렸다고 하겠다.

암 바이러스를 사용하는 치료

또 하나 인간이 생명합성에 아주 가까운 짓을 저지른 데 부수되는 '위험성'에 대한 예를 들겠다.

토끼에 암을 일으키는 파필로마 바이러스(숍 파필로마 바이러스라고도 한다)라는 암 바이러스가 있다. 몇년 전 미국 국립 오크리지연구소에서 이 바이러스를 사용해 연구하던 사람들이 모르는 사이에 이 암 바이러스에 감염됐다는 사실이 알려졌다. 여기서 사용한 바이러스는 아르기닌이라는 아미노산을 분해하는 효소를 세포에 만들게 하는 유전자를 가졌다. 연구자의 혈액 중의 아르기닌 농도가 모두 정상인 사람보다 낮은 데서 바이러스 감염이 밝혀졌다. 현재 이 바이러스는 사람에 암을 일으킨다고 증명되지 않았으므로 금방 큰일이 나는 것은 아니다. 그러나 암 바이러스는 인체의 세포에 들어가 쫓겨나지 않고 공존하는 성질을 가졌다. 그런 만큼 신중하게 다뤄야 할 문제다.

이것이 생명합성과 관련이 있는 '위험성'을 내포한 예라는 것은 또 다른 사건이 있었기 때문에 더 명백하다. 미국에 일어난 이 이야기를 듣고 독일의 퀼른 대학병원 소아과 의사들이 어떤 치료방법을 생각해 냈다.

독일 병원에 있던 환자는 당시 5살과 2살 난 소녀들이었는데, 원래 체내에 아르기닌 분해효소가 적기 때문에 혈액 중의 아르기닌이 고농도가 되는 병에 시달려 심신의 발육에 극도로 장애를 받고 있었다. 그래서 의사들은 먼저 미국 연구자들이 감염된 파필로마 바이러스와 같은 것을 송부해 달라고 해, 이것을 소녀들에게 감염시켜 보았다. 이 바이러스에는 아르기닌 분해효소를 만드는 유전자가 들어있으므로 이 소녀들의 몸의 세포가 아르기닌 분해효소를 만들게 되고 그 결과 아르기닌 농도가 내려가 정상으로 되돌아갈지 모른다는 생각에서였다.

상당히 끈기 있는 치료를 한 결과, 어떻게든 이 치료법(유전자 치료)에 광명이 비치기 시작했다니 놀랄 만하다. 테헤르겐 박사팀은 5살 난 언니에게 처음에는 극히 소량, 즉 구체적으로는 생쥐에게 적정한 양의 20분의 1을 신중히 감염시켜 보았더니 너무 양이 적어 효과가 없었다고 한다.

그러나 1971년 여름에 '토끼에게 적정한 양' 정도를 감염시켰더니 아르기닌의 혈중농도가 20% 감소했다. 아직 치료 효과로서는 불충분하지만 일단 실마리가 잡힌 것이다.

그래서 이 그룹은 1971년 8월에 태어난 셋째 아이(이 여자 어린이도 고아르기닌혈병이었다)에게도 이 치료를 응용했다. 갓 태어난 이 아이라면 아르기닌이 체내에 고이는 장해가 일어나지 않았으므로 잘 되리라 생각했다. 쾰른 대학에서는 이 셋째 아이의 아르기닌양을 측정하면서 탄생 직후부터 이 치료법을 적절히 실시하기로 했다. 그랬더니 생후 2개월에서 아르기닌이 정상 사람의 7배, 이 영향 때문에 암모니아는 5배 가까이 혈중에 있었는데도 생후 6개월 후가 되자 아르기닌이 2배 미만, 암모니아는 거의 정상으로 회복됐다고 한다. 그 후에도 '다소 과다'한 정도의 수준을 유지하고 있다고 한다. 이 셋째 아이가 심신 모두 정상적으로 발육하면 '완전한 성공'이 된다. 이 이야기는 1972년 11월말 신문에도 보도됐다.

파필로마 바이러스는 40년 동안이나 연구돼 왔고, 그 결과 원래 토끼에게도 암을 일으키기 어려운 정도여서, 장차 인간에게는 암을 일으키게 하지는 않을 것이라고 전문가들이 말하는 바이러스이지만, 물론 '인간에게 암을 일으키지 않는다'는 증거는 없다.

그러므로 이런 경우의 '위험성'은 인간이 암 바이러스를 뿌리고 다니다가 나중에 가서 '그 바이러스는 인간에게도 암을 일으킨다'는 것을 알게 되면 야단이 난다는 뜻이다. 또 하나 이 소녀들이 접종한 바이러스 때문에 예상하지 못한 증상을 일으켜, 치료하려던 것이 오히려 생명의 위기로 몰리는 일이 장차 일어나지 않을까 하는 위험이다.

물론 구체적으로는 병이 진행돼서 그대로 내버려두면 죽거나 인간성을 상실해 버릴 염려가 있었다든가, 앞서 일어난 미국의 연구자들의 감염례로부터, 적어도 심한 급성 증상이 일어나지 않는다는 것이 알려졌기 때문이라는 '변명'은 있다.

그러나 건강한 연구자에게는 눈에 띄는 해가 없었다 해도 그것이 건강한 인체였기 때문에 측정할 수 없을 만큼 작은 영향에 지나지 않았을 뿐 병자에게는 아주 큰 영향으로 나타날지도 모른다. 병의 영향이 겹침으로써 건강한 사람에게는 일어나지 않던 반응이 나타날지도 모른다. 치료 자체는 좋은 결과를 얻었더라도 그 치료로 인해 생명에 오히려 치명적인 결과를 일으킬지도 모르므로, 소녀의 수명을 단축시킬 가능성이 절대로 없다고 말할 수는 없다.

또 한 가지, 자손에 대한 악영향을 생각할 수 있다. 암 바이러스는 세포에 감염하면 본래의 유전자와 구별할 수 없게 된다. 즉 '용원화'한다. 아마 자손에게 그대로 유전될 것이다.

실제로 C형 입자란 이름을 가진 암 바이러스는 자자손손에게 전해진다고 알려졌다. 동물의 어떤 종의 암은 이렇게 선조로부터 유전된 C형 입자가 어떤 원인 때문에 활동의 방아쇠가 당겨졌기 때문에 일어난다고 생각되고 있다.

파필로마 바이러스가 만일 인체에도 암을 일으킨다는 사실이 나중에 알려진다고 하자. 이 소녀들 중의 몇 사람이 회복해 아기를 낳을지도 모른다. 그 자손은 사람의 손으로 암이 되기 쉬운 성질이 덧붙여진 셈이 된다. 물론 파필로마 바이러스에 암 이외의 다른 나쁜 성질이 있어서 그것이 몇 대인가의 나중 세대에 불쑥 기형이나 질병으로 나타날지도 모른다. 이것도 염려된다. 그때가 돼 증조할머니 시대의 치료를 원망해도 이미 늦는다. 현실적으로 치료에 응용된 암 바이러스에 한정해도 이상과 같은 각종 '위험성'이 이미 숨어 있기 때문에 이에 대해 철저히 논의하지 않고 치료가 실시됐다는 것은 몸서리쳐진다.

선의로부터 생긴 위험

이렇게 뚜렷한 형태로 생명합성과 그 기술을 사용한 치료나 연구의 '위험성'을 들어 보면 새삼스럽게 그 무서움이 먼 장래의 일이 아니고 이미 현실 문제라는 것을 알게 된다. 그럼 우리는 이 '위험성'에 어떻게 대처해야 할 것인가. 아르기닌 분해효소가 부족한 소녀를 치료한 경우를 생각해 보자. 먼저 본인에 대한 해인데, 이것은 부득이하다 하겠다. 개략적으로 말하면 '병이 고쳐질지 모른다'는 기대와 바이러스로 인해 일어날지 모르는 해독이 평형을 이루기 때문이다.

물론 일반론으로서 의사들이 불치의 병자에 대해 어차피 죽을 것이라고 생각해 무모하게 인체실험 연구 재료로 생각해서는 안 된다. 설사 선의에서 나온 일이라 해도 신중을 기하지 않고 다른 의사라면 도저히 시도하지 않았을 무서운 위험을 내포한 치료법이었다면 더욱 안 된다.

학문의 진보가 클수록 치료법도 대담하게 근본적인 데를 노릴 가능성이 있으므로 치료가 인체에 주는 갖가지 영향도 그만큼 크고 깊어질 것이다. 아르기닌 분해효소를 만드는 유전자 자체를 보충해 주는 '유전자 치료'도 바로 이런 일 중의 하나다. '환자에게 큰 해를 미치지 않을

그림 11-3 | 조상을 원망해도 소용없다

까'하는 감시도 그만큼 필요할 것이며, 많은 사람이 토론할 필요도 있고 신중함이 크게 요구되는 일이다. 그러나 연구자나 의사의 대부분이 양식이나 양심을 가졌다는 것을 믿어야겠다. 그것도 몇 사람의 전문가가 의논해 치료를 결정했을 것이므로 현재로서는 상식적으로 '병을 고쳐주고 싶었다'라는 선의의 발로라고 생각해도 될 것이다. 또 풍부한 지식을 모아 검토한 일이므로 인류의 최첨단의 지식을 활용해 '결코 나쁜 영향이 없을 것이다'라고 판단했을 것이다. 소녀의 생명은 영원하지 않기 때문에 토론 시간도 제한적이다. 이때 어느 정도 모험의 요소가 들어가는 것은 부득이하다 하겠다.

실은 이 문제는 일본에서도 삿포로 의과대학 와다 교수의 심장이식 수술 때도 문제화된 것처럼 '밀실의 살인'을 닮은 성질을 지니고 있어 생명합성과 그 기술 응용에 한정된 일은 아니다. 그러므로 여기서는 단지 최대한으로 넓은 분야의 연구자나 의사가 그룹으로 토론해 치료에 임할 것과 그 토의 내용이나 환자에 관한 자료는 언제나 공개해 세상의 비판을 받을 준비를 해둘 것 등 원칙적인 요구를 확립하는 것이 중요하다는 것을 지적하는 데 그치겠다.

실토를 하면 이 문제를 이 이상 추구하지 말자는 데는 이와는 달리 또 하나 '생명합성'에 특유한 더 무서운 '위험성이 있기 때문이다. 그 '위험성'이란 '위험'이 환자나 미국의 연구자나 그 본인에게만 국한된 일이 아니라는 것이다. 즉 무관계한 제삼자까지 연좌시킬 성질을 가진 위험이다.

바이러스는 감염한다. 즉 다른 사람에게 옮는다. 이 소녀의 치료를 시도했기 때문에, 또는 단지 이 바이러스를 연구했기 때문에 이 바이러스가 감염을 거듭해 세계에 퍼져 관계없는 많은 사람에게 암이나 그 밖의 해를 미치게 될 '위험성'이 있다.

또한 자손에게까지 옮아간다. 마침 지식이 빈약한 20세기에 이런 치료법을 시도하고 연구한 탓으로 미래의 인류가 '선조를 원망할'지 모른다는 '위험성'도 생각할 수 있다. 아무리 현재로서 최선을 다하고 튼튼한 '의술의 윤리'에 바탕을 두었더라도, 전혀 예상할 수 없는 일이기 때문에 이 '위험성'은 완전히 막을 길이 없는 것이다. 그렇기 때문에 이런 종류의 연구는 인간 사회 전반에 큰 영향을 미칠 것이며 그만큼 겁나는 일이다. 너무 큰 사회성을 지녔으므로 어떻게 생각해야 좋을지 모를 정도다.

이거야말로 생명합성과 그 응용 기술에 특유한, 그리고 본질적인 '위험성'이라고 할 수 있다. 이를 생각할 때 싫든 좋든 '위험성' 자체를 문제로 삼아야 한다. 즉 어떤 경우에도 피해야 할 절대적인 위험인가 아닌가 검토해야 한다.

인류의 멸망과 초인간

지금까지 위험성이라는 말을 따옴표에 넣어 써왔다. 왜냐하면 "이 '위험성'이 정말 위험한가", '무서워하는 것이 옳은가'하는 의심이 들기 때문이다. 여태까지의 사례 등으로부터 '무섭다'거나 '위험하다'고 느끼는 것은 결국 내 몸에도 무슨 나쁜 일이 일어날지도 모른다는 생각 때문이다. 즉 종전 형태의 '인간'이 자칫 잘못해 멸망하거나 모습을 바꾸는 일은 나쁘다는 전제에 서 있다. 위험하다는 것도 이 전제에 바탕을 두고 있다. 그럼 이 전제는 어떤 의의가 있을까. 거꾸로 말하면 어떤 경우라도 인류는 멸망해서는 안 된단 말인가.

인간은 대체로 200만 년 전에 지구상에서 탄생했다고 한다. 물론 반론이 없는 것은 아니지만 폭넓게 잡아도 300만 년 전에서 100만 년 전 사이이다. 생물의 진화 개념에 따르면 이 수백만 년 사이에 인간을 대신해 지구를 지배할 다음 대의 생물이 출현을 위해 착착 '진화'를 준비하고 있는지도 모른다. 수백만 년이 짧은가 긴가는 느끼는 사람에 따라 다르겠지만 이 준비는 상당히 진척됐는지도 모른다.

그 교대가 어떤 형태로 닥칠지, 또 언제가 될지 현재의 인간에게는 예상할 만한 지식이 없다. 그러나 진화가 진실이라면 현재의 인류는 어차피 태어날 초인류와 교체돼 멸망할 것이 틀림없음을 지구의 역사가 가르친다.

그렇기 때문에 '현재의 인간 그대로를 필사적으로 지키려 하는 것은 어느 정도의 의의가 있는가' 하고 '위험성'에 대해 회의하는 사람들은 생각한다. "자칫하면 위험할지도 모른다는 것만으로, 존재하지 않을지도 모를 '위험성'을 염려한 나머지 구할 수 있는 사람도 묵살하는 것은 오히려 옳지 않다. 손을 쓸 수 있는 한 이러한 사람들을 치료해 주는 것이 훨씬 이득이 클 것이다"라고 그들은 또한 주장한다.

아르기닌 분해효소가 부족한 소녀일지라도 만일 소녀에게 치료를 희망하는가 물으면 아마 "그러한 사회성이 있고, 만에 하나밖에 안 되는 '위험성'을 까다롭게 운운하느니보다 어쨌든 내 병을 고쳐주시오"라고 바랄 것이다. 또 다른 사람에게는 폐가 될지도 모르지만, 정말 그런 사태가 일어날 확률은 거의 0에 가깝기 때문에 주위 사람들도 그 소녀와 가까우면 가까울수록 동정론이 앞서는 것이 자연스럽다고 생각된다.

그러므로 거꾸로 말하면 케이스 바이 케이스에 구애받지 않고 생명 자체에 인공을 가하는 데 대한 가부를 분명히 원칙론으로서 세워둘 필요가 있다. 앞을 내다보면 비교적 수가 적은 효소결핍증만 아니라 당뇨병이나 통풍 같은 흔한 병까지 이 치료법을 적용할 시대가 곧 올 것이다. 이미 보아온 것처럼 동반자로서 가능성이 가장 높은 것이 암 바이러스이기 때문에 이 '위험성'은 더욱 방심할 수 없다. 많은 환자에게 마구 암 바이러스를 써버리면 감염될 위험성도 그만큼 늘고 사회적인 영향도 매우 일반성을 띠게 될 것이기 때문이다.

이것이야말로 앞서 얘기한 '초인류에 의한 인류 멸망'의 예측까지 포함해 우리 모두의 문제로 생각해야 할 것이다.

생각할 수 있는 쐐기

그럼 어떤 원칙을 세워야 할까. 결론부터 말하면 아직 원칙이 서 있지 않다.

예를 들면, 분자생물학의 대가로서 노벨상 수상자인 콘버그와 니렌버그는 같은 분야에서 위대한 업적을 쌓았는데도 이에 대한 생각은 아주 정반대다. 콘버그는 이를테면 적극파로서 '인공유전자를 만들어 유전병을 치료하려는 시도에는 크게 돈을 들여 정면 대결해야 한다'고 몇 번씩이나 태도를 밝혔다. 이에 대해 니렌버그는 전면적으로 부정하지는 않아도 "만전을 기해야 한다. 만일 '사고'가 발생하면 돌이킬 수 없다"고 신중론을 주장했다. 유전자라는 미세한 물질을 세공하는 이 유전자공학 분야의 양대 산맥이라고 할 만한 두 사람이 전혀 다른 극에 선생각을 가졌다는 것은 두말할 것도 없이 결론을 내기 아주 어렵고, '현재의 데이터로부터 어느 쪽이 옳다고 판정을 내릴 수 없다'는 것을 뚜렷이 보여준다.

그렇다고 병원 바이러스를 뒤집어쓸지도 모르는 우리로서는 늦기 전에 연구자나 의사들에게 '쐐기'를 박아둘 필요가 있다. 만일 잘못 생각한 연구자나 의사들이 제멋대로 저질러도 안 되겠고, 선의에서였더라도 나중에 후회해서 되는 일이 아니기 때문이다.

그래서 구체적인 '쐐기'를 몇 가지 생각해 보기로 하자.

첫째로, 그 '위험성'을 가급적 구체적으로 밝혀 일어날 수 있는 해를 예측하는 노력이 필요할 것이다. 즉 세상 사람이나 자손에게 그 치료나 연구 때문에 해가 미쳤을 때 당사자인 의사나 연구자가 '생각해 보지도 않았던 일'이라고 깜짝 놀라서는 안 되고, '검토한 것 가운데서 이런 해가 나왔었다' 하고 말할 수 있어야 한다. 그러나 검토해 가능성을 지적했다고 해도 그 해의 영향이나 일어날 확률까지는 도저히 계산할 수 없으므로 엉거주춤한 예측이 될 것이 뻔하다. 따라서 역시 '위험성'은 모르는 요소를 포함한 모험임에는 변함이 없다. 그렇지만 예상하지 않는 것보다는 나을 것이다.

둘째로, 연구자나 의사가 솔선해 사전에 의도를 공개해 용기 있게 모든 사람의 비판을 받는 태도가 바람직하다. 치료 때문에 사회에 미치는 악영향은 '있을 수 있다'는 것뿐 그것이 얼마만한 것인지 모르기 때문에 일반 사람들이 볼 때 두려움이 덧붙여져 아무래도 나쁜 인상을 주기 마련이다. 그에 대한 일반 사람들의 반응 가운데는 당연히 전문가들이 들으면 '아무것도 모르는 주제에…'라고 혀를 차게 하는 성질의 것도 포함될 것이다. 그러나 그렇다고 전문가들이 사전에 의도를 공개하지 않고 독선적으로 판단해도 될 일이 아니다. 필요하면 납득시키기 위해 자료를 내놓고 알기 쉽게 설명하는 수고를 들여야 한다. 내버려 두었다가 원자폭탄이 만들어졌다는 커다란 선례도 있고, '위험성'에 대한 해를 입는 것을 모르는 사람이 많기 때문이다.

이러한 '공개'라는 태도는 일본 학술회 원칙의 세 가지 기둥으로서 자주, 민주와 더불어 확실히 제창했고 법률로도 명문화했다. 그러므로 일본에서는 적어도 형식만은 갖춰져 있는데, 이것은 어디까지 '원칙'이며, 현실적으로는 성과를 외국 잡지에 싣는 것으로 끝난다고 말하는 학자도 있고, 학자들 쪽에서 '사전에 공표해 비판을 받으면 말썽만 늘어난다'고 약게 구는 경향도 있어서 반드시 잘 되고 있지 않다. 특히 기업과 결부되면 알리지 않는 것이 당연하게 된다. 사전에 적극적으로 공개하는 태도가 요망되는 것도 이렇기 때문이며, 이것은 사람들이 요구하지 않으면 길이 열리지 않을 것이다. 이 밖에도 공개를 원칙으로 하면, 예를 들어 군사 연구에의 응용 가능성 등을 세상에서 지적할 수 있다는 등 갖가지 이점이 있어서 앞으로 이런 요구는 자연히 세어질 경향을 보

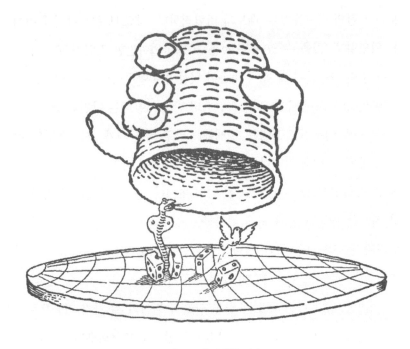

그림 11-4 | 위험한 도박

일 것이다.

　사전에 적극적으로 공개하는 것을 원칙으로 하는 데는 실은 좋은 방법이 있다. 오늘날 연구에는 반드시 연구비가 필요하므로 이 비용을 신청할 때 심사를 공개한다는 방법이다. 스웨덴 등에서는 여러 기금의 심사위원회에는 반드시 사회(비전문가) 측으로부터 참가해—구체적으로는 변호사와 신문기자—결정하는 것이 원칙으로 돼 있다. 이런 형식으로 연구 비용의 신청, 심사의 창구를 일원화해 반드시 사회 측의 체크를 통과하게 하면 '위험성'의 판단이 비전문가 나름대로 어느 정도 가능하지 않을까. 물론 비전문가에게 이해하기 어려운 연구가 예산 면에서 불리하게 된다든가, 비전문가이므로 학자에게 넘어가기 쉽다는 폐해도 있을 것이다. 그러나 연구나 치료가 사회 사람들의 '위험성'과 밀접하고 광범위하게 관련될 가까운 장래에는 이런 종류의 체크가 필요함은 피할 수 없다고 생각된다. 일본도 하루속히 스웨덴처럼 사회적인 체크를 채용하는 체제를 갖추는 것이 바람직할 것이다.

학자 측에게 요구하기만 할 것이 아니라 당연히 사회 측도 태도를 바꿀 필요가 있다. 예를 들면 조심해야 할 일이지만 '생명합성 기술의 응용으로 생명을 구한다'는 혜택을 받는 것은 극히 한정된 환자뿐이다. 한편 '위험성'을 공평하게 분담하는 세계의 대부분의 건강한 사람들에게는 적어도 당분간은 유전자공학 등의 혜택을 받는 일은 없다. 수가 적은 환자와 그 가족만이 '심각한 고민을 해결해 줄지 모른다'고 기대한다. 그러므로 일반 사람으로서는 가급적 넓은 시야에서 환자에 대한 동정심을 최대한으로 베풀어 유전자공학의 은혜와 그때의 '위험성'을 저울질할 필요가 있을 것이다.

앞으로는 유전자공학이 사용될 것이라는 전제를 생각하지 말고 단순히 이론적인 '위험성'을 지적해 주의할 필요성만 생각하는데 그치는 편이 속 편한 태도일 것이다. 그러나 이제 그럴 수 없는 시대가 다가오려 하고 있다. '불쌍한 사람들을 구해주자' 하는 이상적인 인도주의가 "생명합성의 '공해' 반대"라는 권리의식과는 별도로 요구될 것이다. 지금 곧 결론을 내리지 않더라도 이 문제를 자기 문제로서 정면으로 대결하는 자세가 우리 모두에게 요구되고 있는 것이다.

"인간이 만들어낸 기술을 '선용'했는데 예상하지 못한 작용 때문에 멸망하는 것도 인류 멸망의 한 형태가 아닌가. 체념할 수밖에" 하는 정도로 각오하지 않으면 결말이 나지 않게 될지도 모른다. 물론 그때 인간이 할 수 있는 한도 내에서는 예측을 할 필요가 있고, 고려해야 할 해독이 나타날 것이 예측되면 사용을 중지한다든가 제한하는 등의 결단도 중요하다. 유전자공학을 비롯해 인공적인 생명합성을 둘러싸는 과학, 기술에는 이런 '위험'의 가능성은 반드시 따라다닐 것이다.

이런 점에서 우리 현대인은 문명의 큰 분기점에 서 있고 스스로의 문제로서 결단을 강요당하고 있는 것이다.

후기

이 책은 와다 선생이 '머리말'에서 언급한 것처럼 '생명합성'연구회의 성과다. 내용이 아주 재미있고 어쩐지 인공생물이 만들어질 것 같은 분위기였으므로 와다 선생이 '연구 성과가 아까우니 책으로 엮자'는 의견을 내서 이 모임의 사무를 맡았던 내게 집필하는 일이 돌아왔다.

이런 경위였으므로 물론 속기록도 없고 '쓸 바에는 지금까지 나오지 않은 책을'이라는 의욕도 생겨서 8년 가까이 생물 담당 과학부 기자로서 취재한 자료와 새롭게 취재한 것으로 엮어본 것이 이 책이다.

내가 쓰면서 마음먹은 점이 두 가지 있다. 하나는 예비 지식이 없어도, 구체적으로는 인문계 사람이라도, 쉽게 읽을 수 있을 것과 또 하나는 최첨단의 지식으로부터 후퇴하지 않고 어디까지 '학문의 최전선'에 머물 것을 다짐했다. 모순되기 쉬운 이 두 가지 목표를 어떻게든 충족시키려고 애써보았는데 성공했는지 어떤지 모르겠다.

뼈대가 된 연구회의 강연은 3장이 국립암센터의 니시무라, 4장이 단백질연구장려회 펩시드연구소의 사카기 바라, 도쿄 대학의 오카다, 5장은 나고야 대학의 미즈시마, 6장이 도쿄 대학의 우치다, 7장이 오사카 대학의 다카기, 9장은 도쿄 대학의 노다, 11장은 게이오 대학의 와타나베, 도쿄 대학의 와다 등의 각 선생이 이야기한 것이다. 그러나 메모에 의존한 탓도 있고 나로서는 이야기를 구성하는 사정도 있어서 강연 내용과 꼭 일치하지 않는다. '최신 자료를 재미있게'라는 목적을 위해서 구성이나 중점이 완전히 달라진 장도 상당히 있다. 강연 내용을 단지 재료로 사용하도록 허가를 받은 일과 자신들의 평가나 감상과 일치되지 않는 내용이라도 관대하게 인정해준 일, 원고와 교료를 두 번씩이나 읽어주신 일 등 세 가지 점에서 여러 선생님들께 깊이 감사한다. 또 내가 쓴 것 중에서 2장은 오사카 대학의 하루나, 8장은 오챠노미즈 여자대학의 오오다와 게이오 대학의 와타나베의 여러 선생에게, 나머지 1, 10장을 포함한 전부를 도쿄 대학의 와다 선생이 읽어줬다. 내가 독자적으로 쓴 것이 아닌데도 쾌히 나를 저자로 해준 '연구회' 그룹의 여러분의 호의에도 뜨겁게 감사를 드린다. '연구회'는 아사히 신문사 연수소 사업의 일환이었으며 여러 가지 신세를 졌다.

공해, 식품첨가물, 약해, 과학 기술의 해독이 문제화되고 있는데, 생명합성의 위험성은 이와는 규모가 다르다. 학자와 신문기자가 한데 어울려 토론한 내용을 바탕으로 쓴 11장이 독자에게 단순히 지식 이상의 것을 스스로 생각하게 했다면 다행이라고 생각하며 또 기대하는 바다.

나가쿠라 이사오